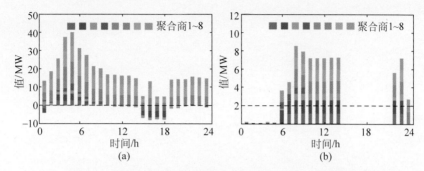

图 2-3 灵活性资源聚合商参与电力市场运营的调度计划

（a）灵活性资源聚合商的输入功率调度计划；（b）灵活性资源聚合商提供调频服务的计划

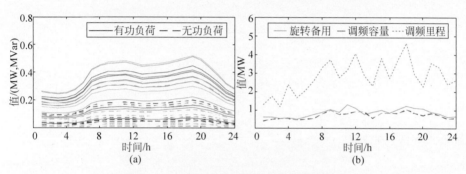

图 4-8 系统内部各类市场产品需求曲线

（a）各节点有功负荷和无功负荷需求曲线；（b）系统旋转备用、调频容量、调频里程需求曲线

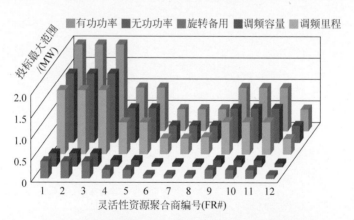

图 4-9 灵活性资源聚合商对各类市场产品的投标范围

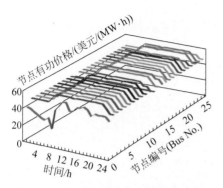

图 4-11　系统有功功率出清节点电价

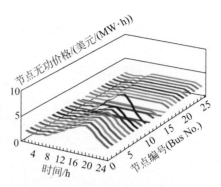

图 4-12　系统无功功率出清节点电价

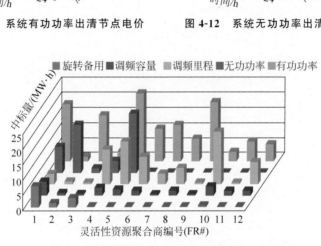

图 4-16　灵活性资源聚合商各类市场产品出清总量

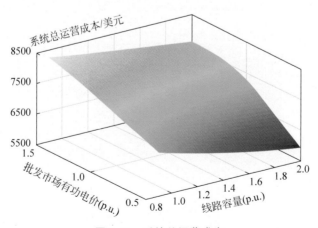

图 4-19　系统总运营成本

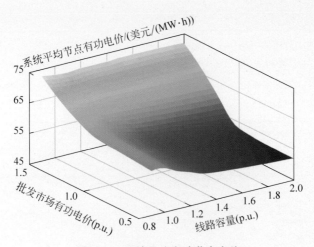

图 4-20　系统平均有功节点电价

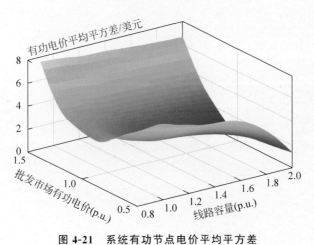

图 4-21　系统有功节点电价平均平方差

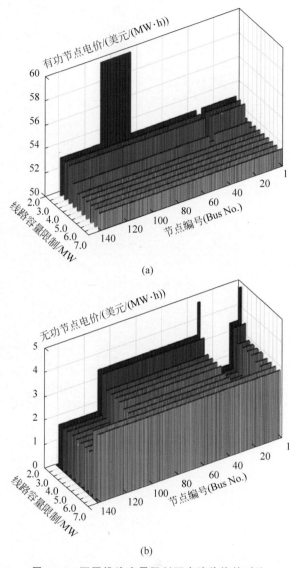

(a)

(b)

图 4-22　不同线路容量限制下出清价格的对比

（a）不同线路容量限制条件下有功节点电价对比；（b）不同线路容量限制条件下无功节点电价对比；（c）不同线路容量限制条件下旋转备用、调频容量和调频里程边际价格对比

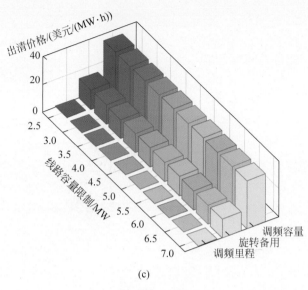

(c)

图 4-22 （续）

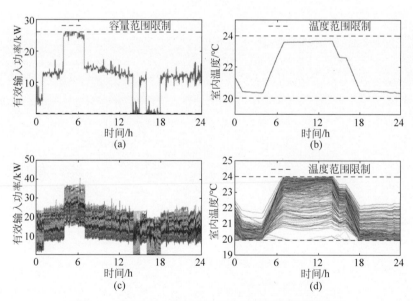

图 5-6 虚拟电厂内代表性灵活性资源的群体调节曲线

（a）单个温控负荷的功率调节曲线；（b）单个温控负荷的温度变化曲线；（c）温控负荷的群体功率调节曲线；（d）温控负荷的群体温度变化曲线

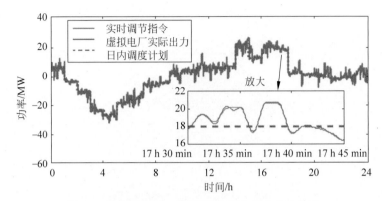

图 5-7　虚拟电厂实时辅助服务调节指令追踪效果

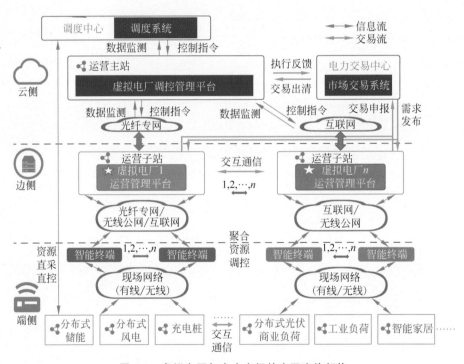

图 6-1　虚拟电厂与电力市场的交互实施架构

清华大学优秀博士学位论文丛书

灵活性资源虚拟电厂运行调控

仪忠凯（Yi Zhongkai）著

Operation and Control of the Virtual Power Plant
Integrated by Flexible Resources

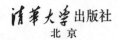

清华大学出版社
北京

内 容 简 介

我国正在加快构建以新能源为主体的新型电力系统,在高比例新能源接入和分散式灵活性资源迸发增长的态势下,虚拟电厂成为提升新型电力系统灵活调节能力及多层级智慧调度水平的重要手段。本书对灵活性资源虚拟电厂运行调控中涉及的聚合建模、经济调度、价格激励、实时控制方法进行了系统性介绍,有效支撑虚拟电厂在新能源随机波动性强、海量灵活性资源调控负担重的复杂环境中安全、经济、高效运行。

本书适合电气工程领域的学术研究人员,电力系统领域的专业技术人员,虚拟电厂、综合能源服务商、工业园区、售电公司、聚合商、智慧楼宇等电力市场运营管理人员、专业研究人员、研究生和本科生阅读参考。

图书在版编目(CIP)数据

灵活性资源虚拟电厂运行调控 / 仪忠凯著. -- 北京:清华大学出版社,2025. 1.
(清华大学优秀博士学位论文丛书). -- ISBN 978-7-302-67897-7

Ⅰ. TM62-39

中国国家版本馆 CIP 数据核字第 2025SM7760 号

责任编辑:李双双
封面设计:傅瑞学
责任校对:薄军霞
责任印制:刘海龙

出版发行:清华大学出版社
  网　　　址:https://www.tup.com.cn,https://www.wqxuetang.com
  地　　　址:北京清华大学学研大厦 A 座　　　邮　　编:100084
  社 总 机:010-83470000　　　　　　　　　邮　　购:010-62786544
  投稿与读者服务:010-62776969,c-service@tup.tsinghua.edu.cn
  质量反馈:010-62772015,zhiliang@tup.tsinghua.edu.cn
印 装 者:三河市东方印刷有限公司
经　　销:全国新华书店
开　　本:155mm×235mm　　印　张:7.5　　插　页:3　　字　数:136 千字
版　　次:2025 年 3 月第 1 版　　　　　　　　印　次:2025 年 3 月第 1 次印刷
定　　价:59.00 元

产品编号:103965-01

一流博士生教育
体现一流大学人才培养的高度（代丛书序）^①

人才培养是大学的根本任务。只有培养出一流人才的高校，才能够成为世界一流大学。本科教育是培养一流人才最重要的基础，是一流大学的底色，体现了学校的传统和特色。博士生教育是学历教育的最高层次，体现出一所大学人才培养的高度，代表着一个国家的人才培养水平。清华大学正在全面推进综合改革，深化教育教学改革，探索建立完善的博士生选拔培养机制，不断提升博士生培养质量。

学术精神的培养是博士生教育的根本

学术精神是大学精神的重要组成部分，是学者与学术群体在学术活动中坚守的价值准则。大学对学术精神的追求，反映了一所大学对学术的重视、对真理的热爱和对功利性目标的摒弃。博士生教育要培养有志于追求学术的人，其根本在于学术精神的培养。

无论古今中外，博士这一称号都和学问、学术紧密联系在一起，和知识探索密切相关。我国的博士一词起源于 2000 多年前的战国时期，是一种学官名。博士任职者负责保管文献档案、编撰著述，须知识渊博并负有传授学问的职责。东汉学者应劭在《汉官仪》中写道："博者，通博古今；士者，辩于然否。"后来，人们逐渐把精通某种职业的专门人才称为博士。博士作为一种学位，最早产生于 12 世纪，最初它是加入教师行会的一种资格证书。19 世纪初，德国柏林大学成立，其哲学院取代了以往神学院在大学中的地位，在大学发展的历史上首次产生了由哲学院授予的哲学博士学位，并赋予了哲学博士深层次的教育内涵，即推崇学术自由、创造新知识。哲学博士的设立标志着现代博士生教育的开端，博士则被定义为独立从事学术研究、具备创造新知识能力的人，是学术精神的传承者和光大者。

---

① 本文首发于《光明日报》，2017 年 12 月 5 日。

博士生学习期间是培养学术精神最重要的阶段。博士生需要接受严谨的学术训练，开展深入的学术研究，并通过发表学术论文、参与学术活动及博士论文答辩等环节，证明自身的学术能力。更重要的是，博士生要培养学术志趣，把对学术的热爱融入生命之中，把捍卫真理作为毕生的追求。博士生更要学会如何面对干扰和诱惑，远离功利，保持安静、从容的心态。学术精神，特别是其中所蕴含的科学理性精神、学术奉献精神，不仅对博士生未来的学术事业至关重要，对博士生一生的发展都大有裨益。

独创性和批判性思维是博士生最重要的素质

博士生需要具备很多素质，包括逻辑推理、言语表达、沟通协作等，但是最重要的素质是独创性和批判性思维。

学术重视传承，但更看重突破和创新。博士生作为学术事业的后备力量，要立志于追求独创性。独创意味着独立和创造，没有独立精神，往往很难产生创造性的成果。1929 年 6 月 3 日，在清华大学国学院导师王国维逝世二周年之际，国学院师生为纪念这位杰出的学者，募款修造"海宁王静安先生纪念碑"，同为国学院导师的陈寅恪先生撰写了碑铭，其中写道："先生之著述，或有时而不章；先生之学说，或有时而可商；惟此独立之精神，自由之思想，历千万祀，与天壤而同久，共三光而永光。"这是对于一位学者的极高评价。中国著名的史学家、文学家司马迁所讲的"究天人之际，通古今之变，成一家之言"也是强调要在古今贯通中形成自己独立的见解，并努力达到新的高度。博士生应该以"独立之精神、自由之思想"来要求自己，不断创造新的学术成果。

诺贝尔物理学奖获得者杨振宁先生曾在 20 世纪 80 年代初对到访纽约州立大学石溪分校的 90 多名中国学生、学者提出："独创性是科学工作者最重要的素质。"杨先生主张做研究的人一定要有独创的精神、独到的见解和独立研究的能力。在科技如此发达的今天，学术上的独创性变得越来越难，也愈加珍贵和重要。博士生要树立敢为天下先的志向，在独创性上下功夫，勇于挑战最前沿的科学问题。

批判性思维是一种遵循逻辑规则、不断质疑和反省的思维方式，具有批判性思维的人勇于挑战自己，敢于挑战权威。批判性思维的缺乏往往被认为是中国学生特有的弱项，也是我们在博士生培养方面存在的一个普遍问题。2001 年，美国卡内基基金会开展了一项"卡内基博士生教育创新计划"，针对博士生教育进行调研，并发布了研究报告。该报告指出：在美国和欧洲,培养学生保持批判而质疑的眼光看待自己、同行和导师的观点同样非常不容易,批判性思维的培养必须成为博士生培养项目的组成部分。

对于博士生而言,批判性思维的养成要从如何面对权威开始。为了鼓励学生质疑学术权威、挑战现有学术范式,培养学生的挑战精神和创新能力,清华大学在 2013 年发起"巅峰对话",由学生自主邀请各学科领域具有国际影响力的学术大师与清华学生同台对话。该活动迄今已经举办了 21 期,先后邀请 17 位诺贝尔奖、3 位图灵奖、1 位菲尔兹奖获得者参与对话。诺贝尔化学奖得主巴里·夏普莱斯(Barry Sharpless)在 2013 年 11 月来清华参加"巅峰对话"时,对于清华学生的质疑精神印象深刻。他在接受媒体采访时谈道:"清华的学生无所畏惧,请原谅我的措辞,但他们真的很有胆量。"这是我听到的对清华学生的最高评价,博士生就应该具备这样的勇气和能力。培养批判性思维更难的一层是要有勇气不断否定自己,有一种不断超越自己的精神。爱因斯坦说:"在真理的认识方面,任何以权威自居的人,必将在上帝的嬉笑中垮台。"这句名言应该成为每一位从事学术研究的博士生的箴言。

提高博士生培养质量有赖于构建全方位的博士生教育体系

一流的博士生教育要有一流的教育理念,需要构建全方位的教育体系,把教育理念落实到博士生培养的各个环节中。

在博士生选拔方面,不能简单按考分录取,而是要侧重评价学术志趣和创新潜力。知识结构固然重要,但学术志趣和创新潜力更关键,考分不能完全反映学生的学术潜质。清华大学在经过多年试点探索的基础上,于 2016 年开始全面实行博士生招生"申请-审核"制,从原来的按照考试分数招收博士生,转变为按科研创新能力、专业学术潜质招收,并给予院系、学科、导师更大的自主权。《清华大学"申请-审核"制实施办法》明晰了导师和院系在考核、遴选和推荐上的权力和职责,同时确定了规范的流程及监管要求。

在博士生指导教师资格确认方面,不能论资排辈,要更看重教师的学术活力及研究工作的前沿性。博士生教育质量的提升关键在于教师,要让更多、更优秀的教师参与到博士生教育中来。清华大学从 2009 年开始探索将博士生导师评定权下放到各学位评定分委员会,允许评聘一部分优秀副教授担任博士生导师。近年来,学校在推进教师人事制度改革过程中,明确教研系列助理教授可以独立指导博士生,让富有创造活力的青年教师指导优秀的青年学生,师生相互促进、共同成长。

在促进博士生交流方面，要努力突破学科领域的界限，注重搭建跨学科的平台。跨学科交流是激发博士生学术创造力的重要途径，博士生要努力提升在交叉学科领域开展科研工作的能力。清华大学于2014年创办了"微沙龙"平台，同学们可以通过微信平台随时发布学术话题，寻觅学术伙伴。3年来，博士生参与和发起"微沙龙"12 000多场，参与博士生达38 000多人次。"微沙龙"促进了不同学科学生之间的思想碰撞，激发了同学们的学术志趣。清华于2002年创办了博士生论坛，论坛由同学自己组织，师生共同参与。博士生论坛持续举办了500期，开展了18 000多场学术报告，切实起到了师生互动、教学相长、学科交融、促进交流的作用。学校积极资助博士生到世界一流大学开展交流与合作研究，超过60%的博士生有海外访学经历。清华于2011年设立了发展中国家博士生项目，鼓励学生到发展中国家亲身体验和调研，在全球化背景下研究发展中国家的各类问题。

在博士学位评定方面，权力要进一步下放，学术判断应该由各领域的学者来负责。院系二级学术单位应该在评定博士论文水平上拥有更多的权力，也应担负更多的责任。清华大学从2015年开始把学位论文的评审职责授权给各学位评定分委员会，学位论文质量和学位评审过程主要由各学位分委员会进行把关，校学位委员会负责学位管理整体工作，负责制度建设和争议事项处理。

全面提高人才培养能力是建设世界一流大学的核心。博士生培养质量的提升是大学办学质量提升的重要标志。我们要高度重视、充分发挥博士生教育的战略性、引领性作用，面向世界、勇于进取，树立自信、保持特色，不断推动一流大学的人才培养迈向新的高度。

邱勇

清华大学校长

2017年12月

丛书序二

以学术型人才培养为主的博士生教育,肩负着培养具有国际竞争力的高层次学术创新人才的重任,是国家发展战略的重要组成部分,是清华大学人才培养的重中之重。

作为首批设立研究生院的高校,清华大学自 20 世纪 80 年代初开始,立足国家和社会需要,结合校内实际情况,不断推动博士生教育改革。为了提供适宜博士生成长的学术环境,我校一方面不断地营造浓厚的学术氛围,另一方面大力推动培养模式创新探索。我校从多年前就已开始运行一系列博士生培养专项基金和特色项目,激励博士生潜心学术、锐意创新,拓宽博士生的国际视野,倡导跨学科研究与交流,不断提升博士生培养质量。

博士生是最具创造力的学术研究新生力量,思维活跃,求真求实。他们在导师的指导下进入本领域研究前沿,汲取本领域最新的研究成果,拓宽人类的认知边界,不断取得创新性成果。这套优秀博士学位论文丛书,不仅是我校博士生研究工作前沿成果的体现,也是我校博士生学术精神传承和光大的体现。

这套丛书的每一篇论文均来自学校新近每年评选的校级优秀博士学位论文。为了鼓励创新,激励优秀的博士生脱颖而出,同时激励导师悉心指导,我校评选校级优秀博士学位论文已有 20 多年。评选出的优秀博士学位论文代表了我校各学科最优秀的博士学位论文的水平。为了传播优秀的博士学位论文成果,更好地推动学术交流与学科建设,促进博士生未来发展和成长,清华大学研究生院与清华大学出版社合作出版这些优秀的博士学位论文。

感谢清华大学出版社,悉心地为每位作者提供专业、细致的写作和出版指导,使这些博士论文以专著方式呈现在读者面前,促进了这些最新的优秀研究成果的快速广泛传播。相信本套丛书的出版可以为国内外各相关领域或交叉领域的在读研究生和科研人员提供有益的参考,为相关学科领域的发展和优秀科研成果的转化起到积极的推动作用。

感谢丛书作者的导师们。这些优秀的博士学位论文,从选题、研究到成文,离不开导师的精心指导。我校优秀的师生导学传统,成就了一项项优秀的研究成果,成就了一大批青年学者,也成就了清华的学术研究。感谢导师们为每篇论文精心撰写序言,帮助读者更好地理解论文。

感谢丛书的作者们。他们优秀的学术成果,连同鲜活的思想、创新的精神、严谨的学风,都为致力于学术研究的后来者树立了榜样。他们本着精益求精的精神,对论文进行了细致的修改完善,使之在具备科学性、前沿性的同时,更具系统性和可读性。

这套丛书涵盖清华众多学科,从论文的选题能够感受到作者们积极参与国家重大战略、社会发展问题、新兴产业创新等的研究热情,能够感受到作者们的国际视野和人文情怀。相信这些年轻作者们勇于承担学术创新重任的社会责任感能够感染和带动越来越多的博士生,将论文书写在祖国的大地上。

祝愿丛书的作者们、读者们和所有从事学术研究的同行们在未来的道路上坚持梦想,百折不挠! 在服务国家、奉献社会和造福人类的事业中不断创新,做新时代的引领者。

相信每一位读者在阅读这一本本学术著作的时候,在汲取学术创新成果、享受学术之美的同时,能够将其中所蕴含的科学理性精神和学术奉献精神传播和发扬出去。

清华大学研究生院院长

2018 年 1 月 5 日

摘　要

　　灵活性资源数量与日俱增,技术快速发展,使电力系统灵活性和经济性的提升获得了巨大潜力。为降低电力系统调控中心的管理负担,虚拟电厂成为实现规模化灵活性资源高效管理的有效手段。本书从灵活性资源聚合模型出发,分别从经济调度和市场出清两个层面对虚拟电厂短期调度展开介绍,继而对虚拟电厂实时调控进行探索,旨在深度挖掘规模化灵活性资源的调控潜力,促进虚拟电厂经济运行。具体内容介绍如下。

　　首先,本书构建了考虑参数异质性和不确定性的规模化小容量灵活性资源聚合模型;考虑多类服务之间的耦合关系,基于多面体内接近似方法和分布鲁棒机会约束理论,推导了规模化灵活性资源聚合可行域和等效成本函数;设计了基于多尺度相似性度量的谱聚类算法,实现了灵活性资源集群聚类,并进一步挖掘了聚合模型灵活性。算例分析验证了该方法在提高系统灵活性和实现海量资源高效调控方面的优势。

　　其次,本书提出了计及调频指令随机性和潮流安全约束的虚拟电厂经济调度策略。本书为应对上级调频指令的不确定性,基于三层优化模型对虚拟电厂的运营效益、恶劣运行场景和调频指令分解方法分别建模,制订了计及调频指令随机性和潮流安全约束的虚拟电厂有功功率和调频容量联合调度计划;推导了等效单层模型,能够满足虚拟电厂短期调度计算效率需求。数值仿真结果表明,所提方法能有效提高虚拟电厂的潮流安全和经济效益。

　　然后,本书提出了一种灵活性资源介入的虚拟电厂侧电力市场出清策略。本研究对灵活性资源参与虚拟电厂运营的商业运营模式和组织方法进行探讨,进而提出了一种考虑多种电力市场产品耦合关系的虚拟电厂侧市场联合出清模型并推导了相应的定价方法,所涉及的电力市场产品包括有功功率、无功功率、旋转备用、调频容量和调频里程。案例仿真结果表明,所提市场出清模型对促进虚拟电厂技术发展和电力市场长效经济运行具有一定的积极意义。

最后,本书提出了基于深度强化学习的调频指令实时分解方法。此方法设计了两阶段深度强化学习架构,构建了虚拟电厂实时运行离线仿真训练平台,为在线实施积累了先验知识;采用锐度感知最小化方法改进深度强化学习算法,提升了指令分解方法的鲁棒性和适应性。数值仿真结果表明,所提方法能实现虚拟电厂对辅助服务调节指令的精确追踪和快速分解。

关键词:灵活性资源;虚拟电厂;电力市场

ABSTRACT

The increasing penetration and rapid development of the flexible resources (FRs) have provided great potential for improving the flexibility and economy of the power systems. To reduce the burden of the system operators, the virtual power plant (VPP) is becoming an effective approach to realize the efficient management of numerous FRs. In light of this, to unlock the flexibility of FRs and promote the economic operation of the power systems, this book starts from the FR aggregation model, then focuses on the short-term dispatch strategy of the VPP from the aspects of economic dispatch and market clearing, and finally explores the real-time regulation approach.

Firstly, an aggregate operation model of numerous small-capacity FRs with heterogeneous and uncertain parameters is formulated. Considering the coupling among different services, an aggregate operation model of numerous FRs, including the aggregate feasible region and the equivalent operational cost function, is derived using polytope inner-approximation and distributionally robust chance-constrained program. Subsequently, a spectral clustering algorithm based on the multi-scale similarity metric method is developed to classify the FRs into different aggregators, which can further unlock the flexibility of the aggregate operation model. Case studies verify the advantages of the proposed aggregation model in improving the system flexibility and managing numerous FRs efficiently.

Furthermore, an economic dispatch strategy of the VPP is proposed considering stochastic regulation requests and power flow security limitations. To confront the uncertainty of the regulation requests issued by the superior regulation service market, a tri-level optimization model is proposed to depict the VPP operating profits, the worst operation scenario, and the regulation service decomposition method, respectively, which enables the VPP to formulate the economic dispatch plans for active power and regulation capacity service considering stochastic regulation requests and power flow security limitations. Afterward, the equivalent single-level model is derived, which can meet the computational efficiency requirements of the VPP short-term dispatch. Numerical simulations illustrate the effectiveness and superiority of the proposed approach in enhancing the power flow security and the economic benefits of the VPP.

Additionally, a market clearing strategy for the VPP considering the integration of FRs is proposed in this book. The business model and organization procedure of the VPP cooperating with the FRs are introduced firstly. And based on this, a VPP market clearing model and pricing method considering the coupling relationship among multiple power market commodities are proposed. The market commodities involved in this book include the active power, reactive power, spinning reserve, frequency regulation capacity, and frequency regulation mileage. Numerical simulation results reveal that the proposed approach provides positive significance to promote the development of VPP technology and the long-term economic operation of the power markets.

Finally, a real-time regulation service decomposition approach for the VPP is proposed based on deep reinforcement learning (DRL) method. A two-stage DRL approach is formulated, in which an offline simulator of the VPP is formulated to accumulate prior knowledge for online implementation. Moreover, an improved soft actor-critic algorithm is proposed by incorporating the sharpness-aware minimization method, which can improve the robustness and adaptability of the regulation service decomposition policy. Numerical simulation results illustrate that the proposed approach enables the VPP to decompose the reference trajectory to the FR aggregators efficiently and track the regulation requests accurately.

Key words: flexible resource; virtual power plant; power market

目　录

第 1 章　绪论 ……………………………………………… 1

1.1　背景和意义 ………………………………………… 1

　　1.1.1　问题背景 ……………………………………… 1

　　1.1.2　实际需求 ……………………………………… 1

　　1.1.3　现状难点 ……………………………………… 2

　　1.1.4　破题之策 ……………………………………… 2

　　1.1.5　目标意义 ……………………………………… 2

1.2　主要技术挑战和拟解决的关键技术问题 …………… 3

1.3　主要框架 …………………………………………… 4

参考文献 ………………………………………………… 5

第 2 章　海量异构灵活性资源的聚合模型 ……………… 7

2.1　本章引言 …………………………………………… 7

2.2　灵活性资源运行模型 ……………………………… 7

　　2.2.1　多种类型灵活性资源的运行模型 …………… 8

　　2.2.2　灵活性资源通用运行模型 …………………… 9

2.3　海量灵活性资源的聚合模型 …………………… 12

　　2.3.1　考虑不确定性的可行域内接聚合方法 …… 12

　　2.3.2　解聚合策略及聚合商等效运行成本 ……… 16

2.4　灵活性资源集群聚合方法 ……………………… 18

　　2.4.1　引入灵活性资源聚类过程的必要性说明 … 18

　　2.4.2　灵活性资源聚类方法 ……………………… 20

　　2.4.3　所提集群聚合方法的实施流程概述 ……… 22

2.5　算例分析 ………………………………………… 23

　　2.5.1　所提方法的有效性分析 …………………… 23

　　2.5.2　所提方法的优势分析 ……………………… 25

　　　2.5.3　针对灵活性资源充放电损耗的讨论 ·········· 25
　2.6　本章小结 ··· 27
　参考文献 ·· 27

第3章　考虑潮流安全约束的虚拟电厂经济调度 ········· 29
　3.1　本章引言 ··· 29
　3.2　相关背景介绍 ·· 29
　　　3.2.1　技术方法的应用背景 ···························· 29
　　　3.2.2　数学模型的主要结构 ···························· 31
　3.3　虚拟电厂日前经济调度的三层优化模型 ········· 32
　　　3.3.1　第一层：虚拟电厂经济调度优化 ············· 32
　　　3.3.2　第二层：恶劣辅助服务场景估计 ············· 38
　　　3.3.3　第三层：调节服务分解方法 ··················· 39
　3.4　模型处理与重构 ··· 41
　　　3.4.1　方案1的等效单层优化问题 ··················· 41
　　　3.4.2　方案2的等效单层优化问题 ··················· 43
　3.5　虚拟电厂的日内经济调度 ······························ 46
　3.6　案例分析 ··· 48
　　　3.6.1　两种辅助服务指令分解调节场景比较 ······· 49
　　　3.6.2　策略的经济调度效果分析 ····················· 50
　　　3.6.3　所提方法的有效性和优越性 ·················· 54
　3.7　本章小结 ··· 56
　参考文献 ·· 56

第4章　灵活性资源虚拟电厂多元市场产品协同定价策略 ········· 59
　4.1　本章引言 ··· 59
　4.2　灵活性资源聚合商介入的虚拟电厂商业运营模式和组织
　　　方法 ··· 59
　　　4.2.1　灵活性资源聚合商介入的市场商业运营模式 ······· 59
　　　4.2.2　灵活性资源聚合商介入的虚拟电厂市场交易组织
　　　　　　执行方法 ·· 61
　4.3　考虑多类市场产品耦合的虚拟电厂侧电力市场出清模型
　　　及定价方法 ··· 63

　　　4.3.1　虚拟电厂出清模型 ·············· 63
　　　4.3.2　各类市场产品定价方法 ·········· 68
　　4.4　算例分析··· 70
　　　4.4.1　算例仿真1：中山25节点虚拟电厂 ·········· 70
　　　4.4.2　算例仿真2：Matpower141节点虚拟电厂 ········· 77
　　4.5　本章小结及展望································ 79

第5章　基于深度强化学习的虚拟电厂辅助服务指令快速分解 ········ 81
　　5.1　本章引言··· 81
　　5.2　相关基础··· 82
　　　5.2.1　背景··· 82
　　　5.2.2　灵活性资源动态数学模型 ········ 82
　　　5.2.3　马尔可夫决策过程 ·················· 84
　　5.3　两阶段深度强化学习方法················ 84
　　　5.3.1　两阶段深度强化学习框架 ········ 84
　　　5.3.2　离线仿真模拟器建模 ·············· 85
　　　5.3.3　在线实施 ······························· 88
　　5.4　强化学习算法································· 89
　　　5.4.1　SAC强化学习算法 ················· 89
　　　5.4.2　SAM-SAC强化学习算法 ········· 90
　　5.5　案例分析··· 93
　　　5.5.1　模拟仿真环境设置 ·················· 93
　　　5.5.2　所提方法的有效性分析 ············ 95
　　　5.5.3　本节所提方法的优势分析 ········ 96
　　5.6　本章小结··· 97
　　参考文献·· 97

第6章　结语 ··· 99

在学期间发表的学术论文···································· 102

致谢··· 104

第1章 绪 论

1.1 背景和意义

1.1.1 问题背景

近年来,我国灵活性资源数量与日俱增,技术快速发展。2022年,国家发展和改革委员会、国家能源局等陆续发布多条重要指导意见,提出通过健全适应新型电力系统的市场机制和完善电力需求响应机制,推动能源领域碳减排,做好碳达峰、碳中和工作,《关于完善能源绿色低碳转型体制机制和政策措施的意见》明确鼓励支持虚拟电厂运营商参与电力市场交易和系统运行调节。放眼国际,全球已有超过100个国家和地区提出碳中和目标,灵活性资源具有配置灵活、规模庞大、分布广泛、清洁无污染等优点,迅速得到国际社会的广泛关注,预计2020年至2027年将以11.5%的年增长率持续快速增长。因此,发展驱动灵活性资源的运营调控技术是促进能源转型和国民经济高质量发展的有效途径,也是实现"双碳"战略目标的重要支撑[1-2]。

1.1.2 实际需求

随着我国工业化进程加快,越来越多的工业园区、运动场馆、智慧社区等园区配置了诸如光伏电站、电动汽车充电桩、储能设备、可调节负荷等多类型灵活可调的分布式资源设备,具备了提高电力系统柔性、参与电力系统调度和实现从"源随荷动"到"源荷互动"的客观条件[3]。考虑到我国工业体量巨大、园区分布广泛,挖掘工业园区中多元化海量分布式资源的灵活性,一方面能促进工业园区降本增效和节能减排,另一方面为提升电力系统的运行灵活性和经济性提供了巨大潜力[4]。因此,发展驱动光储充荷等分布式资源灵活调控的技术是促进能源转型和国民经济高质量发展的有效途径,也是实现"双碳"战略目标的重要支撑。

1.1.3　现状难点

灵活性资源虽然蕴含巨大的灵活性调控潜力,但是难以直接参与电力系统调控和电力市场交易,具体有以下原因。首先,如果数量巨大、种类繁杂的灵活性资源直接参与上级电力系统调控和电力市场交易,电力系统将面临高维复杂的计算难题、故障频发的通信问题和纷乱烦琐的管理负担,这是当前电力系统运营管理者无法承受的[5-6]。其次,灵活性资源的价格激励和补偿机制不成熟,单个灵活性资源设备对电力市场运营情况的影响较小,造成灵活性资源所属者对参与电力市场交易的积极性不高[7]。最后,国内外主流电力市场运营商均对市场参与者设置了市场准入条件和设备容量门槛值,灵活性资源的容量普遍较小,无法达到参与电力市场交易的条件[8]。

1.1.4　破题之策

为降低电力系统调控中心的管理负担,促进多元化海量灵活性资源参与电网调度和市场交易,虚拟电厂(virtual power plant,VPP)技术成为实现规模化灵活性资源高效管理的有效手段[9-10]。相比于传统发电机组,虚拟电厂同时连接灵活性资源与电力系统,通过对内部光伏、储能、充电桩、可调负荷等灵活性资源的协调管理,实现资源整合与分配,挖掘和利用不同种类设备的各自优势,整体对外提供诸如能量平衡、电压支撑、调频备用、阻塞管理等多类服务,已经展现出巨大的经济价值和发展潜力[11-12]。然而,目前虚拟电厂技术方法和建设试点对多元化海量灵活性资源随机性的考虑不足,缺乏兼顾不同类别市场耦合关系的系统化运营管理方法,未实现不同时间尺度运营管理策略之间的交互配合和统筹协调。

1.1.5　目标意义

鉴于此,针对以上未充分解决的问题,研究者亟须利用虚拟电厂技术深度挖掘规模化灵活性资源调控潜力,一方面提高电力系统的柔性和经济效益,助力电力市场发展,另一方面实现灵活性资源的智能管理,促进虚拟电厂降本增效。本书所介绍内容的背景-目标线归纳如图 1-1 所示。

图 1-1　本书所介绍内容的背景-目标线

1.2　主要技术挑战和拟解决的关键技术问题

当前虚拟电厂技术方法所面临的主要技术挑战和拟解决的关键技术问题如下。

（1）现有虚拟电厂聚合建模方法未对灵活性资源的参数异质性和随机性进行统一建模和统筹考虑，多元化海量灵活性资源带来的"维度灾"难题未被充分解决，亟须提出计及参数异质性和不确定性的多元化海量灵活性资源集群聚合建模方法，在保障精度的前提下提高聚合模型的计算效率，助力虚拟电厂运营管理中各类优化问题的高效快速决策。

（2）考虑到虚拟电厂的随机因素众多、模型参数不确定性强、灵活性资源难以精准建模，现有虚拟电厂的能量管理和调控方法未对灵活性资源的多重随机因素进行综合考虑。此外，虚拟电厂存在大量需求侧资源，其实际出力和调度指令之间往往存在不可避免的偏差，因此，亟须进一步提出模型数据交互驱动的虚拟电厂多时间尺度调控方法，结合虚拟电厂生产运营规律和实测数据对灵活性资源的实时响应进行及时校正。

（3）随着我国电力市场全面开放和辅助服务市场类别的日益增加，有必要对计及能量-辅助服务市场耦合关系和灵活性资源利益诉求的虚拟电厂调度-定价协同优化方法进一步进行系统化梳理，促进虚拟电厂运营模式实现多元化发展，引导各利益方积极主动地参与到虚拟电厂的运营中。

1.3　主要框架

灵活性资源数量与日俱增，技术快速发展，使电力系统灵活性和经济性的提升获得了巨大潜力。为降低电力系统调控中心的管理负担，虚拟电厂成为实现规模化灵活性资源高效管理的有效手段。本书从灵活性资源聚合模型出发，分别从经济调度和市场出清两个层面对虚拟电厂短期调度展开介绍，继而对虚拟电厂实时调控进行探索，旨在深度挖掘规模化灵活性资源调控潜力，促进虚拟电厂经济运行。与本书直接相关的学术论著见文献[13]～文献[18]。本书的主要内容和框架见图 1-2，各部分内容之间的逻辑关系和实施架构见图 1-3。

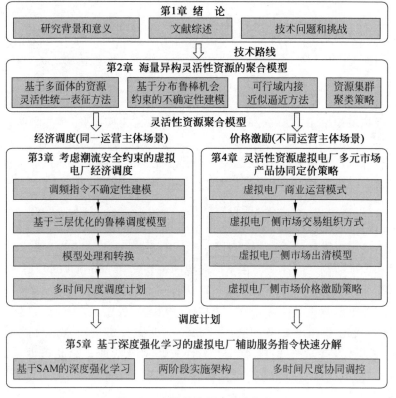

图 1-2　本书的主要内容和框架

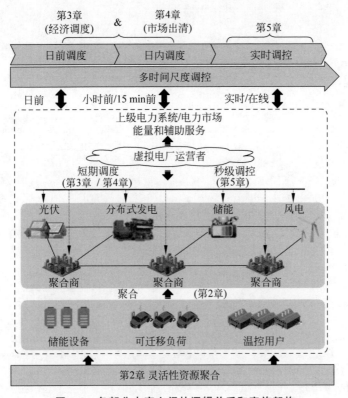

图1-3　各部分内容之间的逻辑关系和实施架构

参 考 文 献

［1］　GRAND VIEW RESEARCH. Distributed energy generation market size report，2020-2027［EB/OL］.（2020-08）［2021-10-09］. https://www. grandviewresearch. com/industry-analysis/distributed-energy-generation-industry.

［2］　OBI M，SLAY T，BASS R. Distributed energy resource aggregation using customer-owned equipment：A review of literature and standards［J］. Energy Reports，2020，6：2358-2369.

［3］　HE G，CHEN Q，KANG C，et al. Optimal bidding strategy of battery storage in power markets considering performance-based regulation and battery cycle life［J］. IEEE Transactions on Smart Grid，2016，7(5)：2359-2367.

［4］　PONOĆKO J，MILANOVIĆ J V. Forecasting demand flexibility of aggregated residential load using smart meter data［J］. IEEE Transactions on Power Systems，

2018,33(5):5446-5455.

[5] ŠIKŠNYS L,VALSOMATZIS E,HOSE K,et al. Aggregating and disaggregating flexibility objects[J]. IEEE Transactions on Knowledge and Data Engineering, 2015,27(11):2893-2906.

[6] YI Z,XU Z,XUE W,et al. An improved two-stage deep reinforcement learning approach for regulation service disaggregation in a virtual power plant[J]. IEEE Transactions on Smart Grid,2022,13(4):2844-2858.

[7] NGUYEN D T,LE L B. Joint optimization of electric vehicle and home energy scheduling considering user comfort preference[J]. IEEE Transactions on Smart Grid,2014,5(1):188-199.

[8] VRETTOS E,ANDERSSON G. Scheduling and provision of secondary frequency reserves by aggregations of commercial buildings [J]. IEEE Transactions on Sustainable Energy,2016,7(2):850-864.

[9] 陈会来,张海波,王兆霖.不同类型虚拟电厂市场及调度特性参数聚合算法研究综述[J].中国电机工程学报,2023,43(1):15-28.

[10] CAMAL S,MICHIORRI A,KARINIOTAKIS G. Optimal offer of automatic frequency restoration reserve from a combined PV/wind virtual power plant[J]. IEEE Transactions on Power Systems,2018,33(6):6155-6170.

[11] 王宣元,刘蓁.虚拟电厂参与电网调控与市场运营的发展与实践[J].电力系统自动化,2022,46(18):158-168.

[12] 殷爽睿,艾芊,宋平,等.虚拟电厂分层互动模式与可信交易框架研究与展望[J].电力系统自动化,2022,46(18):118-128.

[13] YI Z K,XU Y L,YANG L,et al. Aggregate operation model for numerous small capacity distributed energy resources considering uncertainty [J]. IEEE Transactions on Smart Grid,2021,12(5):4208-4224.

[14] YI Z K,XU Y L,GU W,et al. A multi-time-scale economic scheduling strategy for virtual power plant based on deferrable loads aggregation and disaggregation [J]. IEEE Transactions on Sustainable Energy,2020,11(3):1332-1346.

[15] 仪忠凯,许银亮,吴文传.考虑虚拟电厂多类电力产品的配电侧市场出清策略[J].电力系统自动化,2020,44(22):143-151.

[16] YI Z K,XU Y L,WANG H Z,et al. Coordinated operation strategy for a virtual power plant with multiple DER aggregators [J]. IEEE Transactions on Sustainable Energy,2021,12(4):2445-2458.

[17] YI Z K,XU Y L,ZHOU J G,et al. Bi-level programming for optimal operation of an active distribution network with multiple virtual power plants[J]. IEEE Transactions on Sustainable Energy,2020,11(4):2855-2869.

[18] YI Z K,XU Y L,WANG X,et al. An improved two-stage deep reinforcement learning approach for regulation service disaggregation in a virtual power plant [J]. IEEE Transactions on Smart grid,2022,13(4):2844-2858.

第 2 章 海量异构灵活性资源的聚合模型

2.1 本 章 引 言

海量小容量灵活性资源使电力系统调控管理者和电力市场运营商获得了巨大的调控潜力,同时也带来了一系列技术挑战和运营管理负担。鉴于此,本章提出了一种面向海量异构灵活性资源的聚合模型,所提聚合模型包含内接近似可行域和等效运行成本函数,可实现海量、小容量、参数异质的灵活性资源高效经济管控。首先,考虑到灵活性资源功率、能量和辅助服务之间的耦合关系,本章提出了基于多面体模型的资源灵活性统一表征方法;其次,通过对一个基本同构多面体的放缩和转换,本章提出了可行域最大内接近似方法,采用分布式鲁棒机会约束规划(distributionally robust chance-constrained program,DRCCP)对灵活性资源的不确定性进行建模,在保证调控指令可达性的基础上增大聚合模型可行域,推导了灵活性资源聚合模型的等效成本函数;最后,本章从理论上阐述了灵活性资源聚类和聚合之间的关联关系,并在此基础上提出了一种基于多尺度相似性度量的谱聚类算法,提高了聚合效果。算例仿真结果表明,所提方法在提高系统运行灵活性和计算效率方面具有显著优势。

本章的内容组织安排如下:2.2 节介绍了灵活性资源运行模型;2.3 节给出了灵活性资源聚合模型;2.4 节介绍了灵活性资源集群聚合方法;2.5 节和 2.6 节分别给出了算例分析结果和小结。

2.2 灵活性资源运行模型

本节将介绍不同类别的灵活性资源(包括储能设备、温控负荷、可迁移负荷)的运行模型,以及基于多面体的灵活性资源统一表征方法。

2.2.1　多种类型灵活性资源的运行模型

电力系统中存在各种灵活性资源,可为上级电力系统运营商提供能量和辅助服务,本节将以储能设备、温控负荷、可迁移负荷 3 种典型灵活性资源作为示例介绍其运行模型。

1. 储能设备

电池等储能设备可以存储/释放能量,实现能量在时间上的转移[1]。考虑到储能的充放电计划和能量状态,储能设备的模型如下[2]:

$$0 \leqslant p_{i,t}^{\mathrm{ES,in}} \leqslant \bar{p}_i^{\mathrm{ES,in}}, \quad 0 \leqslant p_{i,t}^{\mathrm{ES,out}} \leqslant \bar{p}_i^{\mathrm{ES,out}} \tag{2-1}$$

$$e_{i,t}^{\mathrm{ES}} = \theta_i^{\mathrm{ES}} e_{i,t-1}^{\mathrm{ES}} + \Delta T \left(\kappa_i^{\mathrm{ES,in}} p_{i,t}^{\mathrm{ES,in}} - \frac{1}{\kappa_i^{\mathrm{ES,out}}} p_{i,t}^{\mathrm{ES,out}} \right) \tag{2-2}$$

$$\underline{e}_i^{\mathrm{ES}} \leqslant e_{i,t}^{\mathrm{ES}} \leqslant \bar{e}_i^{\mathrm{ES}} \tag{2-3}$$

其中,$p_{i,t}^{\mathrm{ES,in}}$,$p_{i,t}^{\mathrm{ES,out}}$、$e_{i,t}^{\mathrm{ES}}$ 和 $e_{i,t-1}^{\mathrm{ES}}$ 分别表示储能设备 i 的充电功率、放电功率、当前能量状态和前一时刻的能量状态;θ_i^{ES} 表示能量的耗散速率;$\bar{p}_{i,t}^{\mathrm{ES,in}}$ 和 $\bar{p}_{i,t}^{\mathrm{ES,out}}$ 分别表示充电功率最大值和放电功率最大值;$\underline{e}_i^{\mathrm{ES}}$ 和 $\bar{e}_i^{\mathrm{ES}}$ 分别表示储能设备的最小蓄能量和最大蓄能量;$\kappa_i^{\mathrm{ES,in}}$ 和 $\kappa_i^{\mathrm{ES,out}}$ 分别表示充电效率和放电效率;ΔT 表示调度时间间隔。

2. 温控负荷

考虑电采暖等温控负荷的热惯性和蓄热特性,温控负荷的供热动态特征可以采用如下模型进行表征[3-4]:

$$\underline{p}_i^{\mathrm{TCR,in}} \leqslant p_{i,t}^{\mathrm{TCR,in}} \leqslant \bar{p}_i^{\mathrm{TCR,in}} \tag{2-4}$$

$$\underline{e}_i^{\mathrm{TCR}} \leqslant e_i^{\mathrm{TCR}} \leqslant \bar{e}_i^{\mathrm{TCR}} \tag{2-5}$$

$$e_{i,t}^{\mathrm{TCR}} = \theta_i^{\mathrm{TCR}} e_{i,t-1}^{\mathrm{TCR}} + \Delta T \eta_i^{\mathrm{TCR}} p_{i,t}^{\mathrm{TCR,in}} + \omega_i^{\mathrm{TCR}} w_t^{\mathrm{AM}} \tag{2-6}$$

其中,$p_{i,t}^{\mathrm{TCR,in}}$ 和 e_i^{TCR} 分别表示功率消耗和温控负荷的室内温度;$\bar{p}_i^{\mathrm{TCR,in}}$ 和 $\underline{p}_i^{\mathrm{TCR,in}}$ 分别表示最大功率消耗和最小功率消耗;$\bar{e}_i^{\mathrm{TCR}}$ 和 $\underline{e}_i^{\mathrm{TCR}}$ 分别表示温控负荷的温度最大值和最小值;w_t^{AM} 表示外界环境温度;θ_i^{TCR} 表示温控负荷的耗散率,由热损失系数、热质量和建筑比热容决定;η_i^{TCR} 是电能转化为热能的效率系数;$\omega_i^{\mathrm{TCR}} = 1 - \theta_i^{\mathrm{TCR}}$ 是外界环境温度对室内温度的影响因子。

3. 可迁移负荷

电力系统中有各种可迁移负荷,如电动汽车、可中断设备、洗衣机等[5-6]。这类灵活性资源只需要在预定的时间内满足用户需求,其数学模型如下:

$$\underline{p}_i^{\mathrm{DL,out}} \leqslant p_{i,t}^{\mathrm{DL,in}} \leqslant \bar{p}_i^{\mathrm{DL,in}}, \quad T_{\mathrm{start}}^{\mathrm{DL}} \leqslant t \leqslant T_{\mathrm{end}}^{\mathrm{DL}} \tag{2-7}$$

$$0 \leqslant e_{i,t}^{\mathrm{DL}} \leqslant \bar{e}_i^{\mathrm{DL}}, \quad T_{\mathrm{start}}^{\mathrm{DL}} \leqslant t \leqslant T_{\mathrm{end}}^{\mathrm{DL}} \tag{2-8}$$

$$e_{i,t}^{\mathrm{DL}} \geqslant \tilde{e}_i^{\mathrm{DL}}, \quad t \geqslant T_{\mathrm{end}}^{\mathrm{DL}} \tag{2-9}$$

$$e_{i,t}^{\mathrm{DL}} = \theta_i^{\mathrm{DL}} e_{i,t-1}^{\mathrm{DL}} + \Delta T \eta_i^{\mathrm{DL,in}} p_{i,t}^{\mathrm{DL,in}} \tag{2-10}$$

其中,$p_i^{\mathrm{DL,in}}$、$p_{i,t}^{\mathrm{DL,in}}$、$e_{i,t}^{\mathrm{DL}}$ 和 $e_{i,t-1}^{\mathrm{DL}}$ 分别表示可迁移负荷当前时刻的充电功率、荷电状态和前一时刻的荷电状态;θ_i^{DL} 和 $\eta_i^{\mathrm{DL,in}}$ 分别表示耗散功率和转换系数;$\bar{p}_i^{\mathrm{DL,in}}$ 和 $\underline{p}_i^{\mathrm{DL,out}}$ 分别表示最大充电功率和最小充电功率;$\bar{e}_i^{\mathrm{DL}}$ 表示额定能量容量;$\tilde{e}_i^{\mathrm{DL}}$ 表示能量需求;$T_{\mathrm{start}}^{\mathrm{DL}}$ 和 $T_{\mathrm{end}}^{\mathrm{DL}}$ 分别表示可迁移负荷用电的起始时间和终止时间。

2.2.2　灵活性资源通用运行模型

除功率与能量之间存在耦合外,灵活性资源可以进一步为上级电力系统提供调节服务。灵活性资源的调节服务可以表示在有功功率基础上向上和向下的可调节性。因此,考虑到功率、能量和调节服务的耦合关系,单个灵活性资源的通用运行模型如下:

$$\underline{p}_{i,t}^{\mathrm{in}} \leqslant p_{i,t}^{\mathrm{in}} \leqslant \bar{p}_{i,t}^{\mathrm{in}}, \quad \underline{p}_{i,t}^{\mathrm{out}} \leqslant p_{i,t}^{\mathrm{out}} \leqslant \bar{p}_{i,t}^{\mathrm{out}} \tag{2-11}$$

$$0 \leqslant r_{i,t} \leqslant \bar{r}_{i,t} \tag{2-12}$$

$$\underline{e}_{i,t} \leqslant e_{i,t} \leqslant \bar{e}_{i,t} \tag{2-13}$$

$$e_{i,t} = \theta_i e_{i,t-1} + \Delta T \eta_i \left(\kappa_i^{\mathrm{in}} p_{i,t}^{\mathrm{in}} - \frac{1}{\kappa_i^{\mathrm{out}}} p_{i,t}^{\mathrm{out}} \right) + \omega_i w_t^{\mathrm{AM}} \tag{2-14}$$

其中,$p_{i,t}^{\mathrm{in}}$ 表示灵活性资源 i 在 t 时刻的有功输入功率;$p_{i,t}^{\mathrm{out}}$ 表示灵活性资源 i 在 t 时刻的有功输出功率;$e_{i,t}$ 表示灵活性资源 i 在 t 时刻的剩余能量;$r_{i,t}$ 表示灵活性资源 i 在 t 时刻的调节容量;$\bar{e}_{i,t}$ 和 $\underline{e}_{i,t}$ 分别表示剩余能量的最大边界和最小边界;$\bar{p}_{i,t}^{\mathrm{in}}$ 和 $\underline{p}_{i,t}^{\mathrm{in}}$ 分别表示灵活性资源 i 在 t 时刻的最大有功输入功率和最小有功输入功率;$\bar{p}_{i,t}^{\mathrm{out}}$ 和 $\underline{p}_{i,t}^{\mathrm{out}}$ 分别表示灵活性资源 i 在 t 时刻的最大有功输出功率和最小有功输出功率;$\bar{r}_{i,t}$ 表示灵活性资

源 i 的最大功率调节容量；w_t^{AM} 表示灵活性资源 i 在 t 时刻的外界环境温度；θ_i、ω_i 和 $e_{i,0}$ 分别为灵活性资源的耗散率、外界环境的影响因子、初始能量；η_i 为灵活性资源的有功功率与能量(或温度)之间的转换系数；κ_i^{in} 和 κ_i^{out} 分别为灵活性资源的有功输入功率和输出功率与能量之间的转换系数。

式(2-11)~式(2-13)表示灵活性资源有功功率、调节服务和剩余能量的运行区间；式(2-14)表示剩余能量状态和有功输入和输出之间的关系。

由于调节服务是在有功功率的基础上叠加的，因此，调节服务提供的范围应根据灵活性资源所有者设定的最大调节范围、有功功率范围和能量范围综合确定，具体计算式如下：

$$\overline{r}'_{i,t} = \overline{r}_i^{\mathrm{fix}} \tag{2-15}$$

$$\overline{r}''_{i,t} = \min\{(p_{i,t}^{\mathrm{out}} - p_{i,t}^{\mathrm{in}}) + \overline{p}_{i,t}^{\mathrm{in}} - \underline{p}_{i,t}^{\mathrm{out}}, (p_{i,t}^{\mathrm{in}} - p_{i,t}^{\mathrm{out}}) - \underline{p}_{i,t}^{\mathrm{in}} + \overline{p}_{i,t}^{\mathrm{out}}\} \tag{2-16}$$

$$\overline{r}'''_{i,t} = \min\left\{\frac{1}{h^{\mathrm{R}}\Delta T}(\overline{e}_{i,t} - e_{i,t}), \frac{1}{h^{\mathrm{R}}\Delta T}(e_{i,t} - \underline{e}_{i,t})\right\} \tag{2-17}$$

$$\overline{r}_{i,t} = \min\{\overline{r}'_{i,t}, \overline{r}''_{i,t}, \overline{r}'''_{i,t}\} \tag{2-18}$$

其中，$\overline{r}_i^{\mathrm{fix}}$ 是设备的最大功率调节范围；h^{R} 表示能量预留储备系数。在实际实施中，调节服务可以代表不同种类的辅助服务，包括调频服务或旋转备用服务。

式(2-15)表示设备功率实际调节范围应小于设备运营商上报的最大调节范围。式(2-16)表示有功功率和调节服务的累加量不超过有功功率运行范围的上限和下限。为了抵消因提供调节服务而产生的能量偏差，灵活性资源应保持足够的剩余能量裕度，以便至少在 h^{R} h 内连续提供辅助服务。一般来讲，对于旋转备用服务，h^{R} 通常被设置为 1 h；对于频率调节服务，h^{R} 通常被设置为 15 min[7-8]。

灵活性资源的功率输入和输出、调节范围和能量状态相互耦合，因为它们受到式(2-14)、式(2-16)和式(2-17)的约束，且它们各自的可行域也不可避免地相互影响。此外，其他具有更简单数学模型的小容量灵活性资源，如燃气轮机、屋顶光伏和风电，也可以通过上述方式进行建模，只需忽略式(2-13)、式(2-14)和式(2-17)中的时间耦合约束。

由于不同灵活性资源的参数是异质的，因此灵活性资源的可行域也不同。考虑到有功功率输入、有功功率输出和调节范围作为决策变量，式(2-11)~式(2-18)可以重新写为如下紧凑形式：

$$\Omega_i = \{\boldsymbol{X}_i \in \mathbb{R}^{3T} \mid \boldsymbol{M}_i \boldsymbol{X}_i \leqslant \boldsymbol{N}_i\} \tag{2-19}$$

其中，Ω_i 表示灵活性资源 i 精确的可行域；$\boldsymbol{X}_i = [\boldsymbol{P}_i^{\text{in}}, \boldsymbol{P}_i^{\text{out}}, \boldsymbol{R}_i]^{\text{T}}$ 表示可控变量 $\boldsymbol{P}_i^{\text{in}} = [p_{i,t}^{\text{in}}]^{\text{T}}$、$\boldsymbol{P}_i^{\text{out}} = [p_{i,t}^{\text{out}}]^{\text{T}}$ 和 $\boldsymbol{R}_i = [r_{i,t}]^{\text{T}}$ 组成的向量；$\boldsymbol{M}_i$ 和 $\boldsymbol{N}_i$ 是系数矩阵；T 是时间点总数。

$\boldsymbol{M}_i$ 矩阵和 $\boldsymbol{N}_i$ 矩阵的结构和系数如下：

$$\boldsymbol{M}_i = \begin{bmatrix}
-\boldsymbol{I}_e & \boldsymbol{0} & \boldsymbol{0} \\
\boldsymbol{I}_e & \boldsymbol{0} & \boldsymbol{0} \\
\boldsymbol{0} & -\boldsymbol{I}_e & \boldsymbol{0} \\
\boldsymbol{0} & \boldsymbol{I}_e & \boldsymbol{0} \\
\boldsymbol{0} & \boldsymbol{0} & -\boldsymbol{I}_e \\
\boldsymbol{0} & \boldsymbol{0} & \boldsymbol{I}_e \\
-(\boldsymbol{A}_i)^{-1}\boldsymbol{B}_i^{\text{in}} & (\boldsymbol{A}_i)^{-1}\boldsymbol{B}_i^{\text{out}} & \boldsymbol{0} \\
(\boldsymbol{A}_i)^{-1}\boldsymbol{B}_i^{\text{in}} & -(\boldsymbol{A}_i)^{-1}\boldsymbol{B}_i^{\text{out}} & \boldsymbol{0} \\
\boldsymbol{I}_e & -\boldsymbol{I}_e & \boldsymbol{I}_e \\
-\boldsymbol{I}_e & \boldsymbol{I}_e & \boldsymbol{I}_e \\
-\dfrac{1}{h^{\text{R}}\Delta T}(\boldsymbol{A}_i)^{-1}\boldsymbol{B}_i^{\text{in}} & \dfrac{1}{h^{\text{R}}\Delta T}(\boldsymbol{A}_i)^{-1}\boldsymbol{B}_i^{\text{out}} & \boldsymbol{I}_e \\
\dfrac{1}{h^{\text{R}}\Delta T}(\boldsymbol{A}_i)^{-1}\boldsymbol{B}_i^{\text{in}} & -\dfrac{1}{h^{\text{R}}\Delta T}(\boldsymbol{A}_i)^{-1}\boldsymbol{B}_i^{\text{out}} & \boldsymbol{I}_e
\end{bmatrix}$$

$$\boldsymbol{N}_i = \begin{bmatrix}
-\underline{\boldsymbol{P}}_i^{\text{in}} \\
\overline{\boldsymbol{P}}_i^{\text{in}} \\
-\underline{\boldsymbol{P}}_i^{\text{out}} \\
\overline{\boldsymbol{P}}_i^{\text{out}} \\
\boldsymbol{0} \\
\overline{\boldsymbol{R}}_i \\
(\boldsymbol{A}_i)^{-1}\boldsymbol{C}_i - \underline{\boldsymbol{E}}_i \\
\overline{\boldsymbol{E}}_i - (\boldsymbol{A}_i)^{-1}\boldsymbol{C}_i \\
\overline{\boldsymbol{P}}_i^{\text{in}} - \underline{\boldsymbol{P}}_i^{\text{out}} \\
\overline{\boldsymbol{P}}_i^{\text{out}} - \underline{\boldsymbol{P}}_i^{\text{in}} \\
\dfrac{1}{h^{\text{R}}\Delta T}[(\boldsymbol{A}_i)^{-1}\boldsymbol{C}_i - \underline{\boldsymbol{E}}_i] \\
\dfrac{1}{h^{\text{R}}\Delta T}[\overline{\boldsymbol{E}}_i - (\boldsymbol{A}_i)^{-1}\boldsymbol{C}_i]
\end{bmatrix}$$

其中，I_e 表示 T 维单位矩阵；A_i、B_i^{in}、B_i^{out} 和 D_i 为 T 维的方阵；C_i、$\bar{P}_i^{in}$、$\underline{P}_i^{in}$、$\bar{P}_i^{out}$、$\underline{P}_i^{out}$、$\bar{R}_i$、$\bar{E}_i$ 和 $\underline{E}_i$ 为 T 维的列向量：

$$A_i = \begin{bmatrix} 1 & & & \\ -\theta_i & 1 & & \\ & \ddots & \ddots & \\ & & -\theta_i & 1 \end{bmatrix}_{T \times T}, \quad D_i = \begin{bmatrix} 1 & -1 & & & \\ & 1 & -1 & & \\ & & \ddots & \ddots & \\ & & & 1 & -1 \end{bmatrix}_{(T-1) \times T},$$

$$B_i^{in} = \mathrm{diag}[\Delta T \eta_i \kappa_i^{in}]_{T \times T}, \quad B_i^{out} = \mathrm{diag}[\Delta T \eta_i / \kappa_i^{out}]_{T \times T},$$

$$C_i = [\theta_i e_{i,0} + \omega_i w_1^{AM}, \omega_i w_2^{AM}, L, \omega_i w_T^{AM}]^T,$$

$$\bar{P}_i^{in} = [\bar{p}_{i,t}^{in}]_{T \times 1}, \quad \underline{P}_i^{in} = [\underline{p}_{i,t}^{in}]_{T \times 1}, \quad \bar{P}_i^{out} = [\bar{p}_{i,t}^{out}]_{T \times 1}, \quad \underline{P}_i^{out} = [\underline{p}_{i,t}^{out}]_{T \times 1},$$

$$\bar{R}_i = [\bar{r}_i^{fix}]_{T \times 1}, \quad \bar{E}_i = [\bar{e}_{i,t}]_{T \times 1}, \quad \underline{E}_i = [\underline{e}_{i,t}]_{T \times 1}$$

2.3　海量灵活性资源的聚合模型

　　本节旨在建立包括可行域和运行成本函数在内的海量灵活性资源聚合模型，考虑到灵活性资源的运行不确定性，2.3.1 节提出了可行域聚合的最大内逼近方法，并给出了严格的数学证明。2.3.2 节介绍了灵活性资源聚合商的解聚合与海量灵活性资源的等效运行成本函数。

2.3.1　考虑不确定性的可行域内接聚合方法

　　为计算一组灵活性资源的聚合可行域，本节提出了一种基于同构多面体的可行域内接逼近方法。一组灵活性资源的精确聚合可行域（Ω_k^{AGG}）等于所有单个资源可行域的闵可夫斯基和（Mincowsky sum），其定义为

$$\Omega_k^{AGG} = \hat{a}_{i \in \Theta_k^{AGG}} \Omega_i = \left\{ X \in \mathbb{R}^{3T} \mid X = \sum_{i \in \Theta_k^{AGG}} X_i, X_i \in \Omega_i \right\} \quad (2\text{-}20)$$

其中，$\hat{a}$ 为闵可夫斯基和；Ω_k^{AGG} 代表聚合商 k 的精确可行域；Θ_k^{AGG} 代表属于聚合商 k 的所有灵活性资源集合。

　　闵可夫斯基和的计算本质上是一个 NP-hard 难题，当计算海量灵活性资源的闵可夫斯基和时，问题将变得更加复杂[9-10]。为避免巨大的计算负担，本书提出了一种基于同构多面体的可行域内接逼近方法[9,11-12]。即通过放缩和平移一个基本的同构多面体（$\tilde{\Omega}_0^k$）来近似逼近每个灵活性资源的

实际可行域($\tilde{\Omega}_i$)[13],具体如下:

$$\tilde{\Omega}_0^k = \{ \boldsymbol{X}_0 \in \mathbb{R}^{3T} \mid \boldsymbol{M}_0^k \boldsymbol{X}_0 \leqslant \boldsymbol{N}_0^k \} \tag{2-21}$$

$$\tilde{\Omega}_i = \phi_i \tilde{\Omega}_0^k + \varphi_i = \{ \boldsymbol{X}_i \mid \boldsymbol{M}_0^k (X - \varphi_i) \leqslant \phi_i \boldsymbol{N}_0^k \} \tag{2-22}$$

其中,$\tilde{\Omega}_i$ 表示灵活性资源 i 的近似可行域;$\phi_i \in \mathbb{R}^1$,$\phi_i \geqslant 0$ 是灵活性资源 i 的放缩因子;$\varphi_i \in \mathbb{R}^{3T}$ 是灵活性资源 i 的平移因子;$\boldsymbol{M}_0^k$ 和 $\boldsymbol{N}_0^k$ 与 $\boldsymbol{M}_i$ 和 $\boldsymbol{N}_i$ 有相似的矩阵结构;$\tilde{\Omega}_0^k$ 表示聚合商 k 的同构多面体;$\boldsymbol{M}_0^k$ 和 $\boldsymbol{N}_0^k$ 可以通过计算聚合商中所有灵活性资源的 $\boldsymbol{M}_i$ 矩阵和 $\boldsymbol{N}_i$ 矩阵均值得到。

$$\boldsymbol{N}_0^k = \sum_{i \in \Theta_k^{\mathrm{AGG}}} \boldsymbol{N}_i / N_k^{\mathrm{FR}}, \quad \boldsymbol{M}_0^k = \sum_{i \in \Theta_k^{\mathrm{AGG}}} \boldsymbol{M}_i / N_k^{\mathrm{FR}} \tag{2-23}$$

其中,N_k^{FR} 是聚合商 k 中灵活性资源的数量。

如果灵活性资源的可行域源自相似的多面体,则闵可夫斯基和的计算可以有如下简化形式[14]:

$$(\phi_i \tilde{\Omega}_0^k + \varphi_i) \,\hat{\mathrm{a}}\, (\phi_j \tilde{\Omega}_0^k + \varphi_j) = (\phi_i + \phi_j) \tilde{\Omega}_0^k + (\varphi_i + \varphi_j)$$

$$\tag{2-24}$$

由式(2-24)可知,对源于同构多面体的灵活性资源可行域,其闵可夫斯基和的计算将被大幅简化,如图 2-1 所示[9,12]。

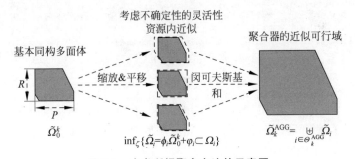

图 2-1 本书所提聚合方法的示意图

每个灵活性资源的可行域 Ω_i 由一组 $\xi_i = \{ \xi_i', \xi_i'' \}$ 参数决定。ξ_i 分为 2 类:①灵活性资源的设备固定参数 $\xi_i' = \{ \bar{p}_{i,t}^{\mathrm{in}}, \underline{p}_{i,t}^{\mathrm{in}}, \bar{p}_{i,t}^{\mathrm{out}}, \underline{p}_{i,t}^{\mathrm{out}}, \bar{r}_i^{\mathrm{fix}}, \bar{e}_{i,t}, \underline{e}_{i,t}, \theta_i, \eta_i, \omega_i \}$;②不确定参数,例如,灵活性资源的初始能量[15]和外界环境温度[16]$\xi_i'' = \{ w_t^{\mathrm{AM}}, e_{i,0} \}$,这些不确定参数存在于矩阵 $\boldsymbol{N}_i$ 中,对运行域 Ω_i 有很大影响。考虑灵活性资源的不确定性因素,建立基于同源多面体的最大内接近似可行域计算模型如下:

$$\max_{\phi_i,\varphi_i}\phi_i, \quad i \in \Theta_k^{\mathrm{AGG}} \tag{2-25}$$

$$\mathrm{s.\,t.} \inf P_{\xi_i''}\{\tilde{\Omega}_i = \phi_i\tilde{\Omega}_0^k + \varphi_i \subseteq \Omega_i\} \geqslant 1-\varepsilon \tag{2-26}$$

$$\phi_i \geqslant 0, \quad \varphi_i \in \mathbb{R}^{3T} \tag{2-27}$$

其中,$\varepsilon \in (0,1)$,代表机会约束可被接受的越限概率。

通过放缩或者平移同源多面体 $\tilde{\Omega}_0^k$,以式(2-25)为目标,可以实现内接近似可行域的最大化,式(2-26)由一组机会约束组成,用于表示在考虑参数不确定性的条件下,满足指令的可达性。为了将上述优化问题转化为可解的形式,我们推导出命题1。

命题1

通过引入辅助变量 $a_i = 1/\phi_i \in \mathbb{R}^1$,$\beta_i = -a_i\varphi_i \in \mathbb{R}^{3T}$,$U_i \in \mathbb{R}^{L_{\dim} \times L_{\dim}}$,可以将式(2-25)~式(2-27)中的最大内接近似可行域计算模型转化为典型的线性规划问题:

$$\max_{\alpha_i,\beta_i,U_i} a_i, \quad i \in \Theta_k^{\mathrm{AGG}} \tag{2-28}$$

$$\mathrm{s.\,t.}\ a_i \geqslant 0, U_i \geqslant \mathbf{0} \tag{2-29}$$

$$U_iM_0^k = M_i \tag{2-30}$$

$$\sqrt{(1-\varepsilon)/\varepsilon}\sigma_i(m)\alpha_i - \tilde{N}_i(m)\alpha_i + U_i(m,:)N_0^k - M_i(m,:)\beta_i \leqslant 0,$$
$$m \in \{1,2,\cdots,L_{\dim}\} \tag{2-31}$$

其中,$L_{\dim} = 16T-4$ 表示矩阵 N 的维数;$U_i(m,:)$ 和 $M_i(m,:)$ 代表矩阵 U_i 和 M_i 的第 m 行;$N_i(m) \sim (\tilde{N}_i(m), \sigma_i^2(m))$ 表示矩阵 N_i 中第 m 个不确定性元素,$\tilde{N}_i(m)$ 表示参数的预测期望值,$\sigma_i^2(m)$ 表示参数预测偏差对应的方差。对于具有不可忽视的充放电损耗的储能设备,$\beta_i(s)|_{s \in \{1,2,\cdots,2T\}}$ 应设为0,以保证充放电行为的互斥性。

证明:

约束(2-26)相当于

$$\inf P_{\xi_i''}\{X \in \Omega_i \mid \forall X \in \tilde{\Omega}_i\} \geqslant 1-\varepsilon \tag{C-1}$$

不确定参数(ξ_i'')会导致矩阵 N 的随机性。考虑用一个由均值和方差定义的模糊集 D_m 来表征 $N_i(m)$ 的不确定性,其具体表示方法如下:

$$D_m = \{P \in P(\mathrm{R}): E_P(N_i(m)) = \tilde{N}_i(m), \quad \mathrm{Cov}_P(N_i(m)) = \sigma_i^2(m)\}$$
$$\tag{C-2}$$

其中，E_{P} 和 $\mathrm{Cov_P}$ 分别表示概率分布的期望算子和方差算子。

考虑一般的机会约束线性规划，将式(C-1)重新表述为一组线性规划：

$$\inf_{P\in D_s} P\{\boldsymbol{M}_i(m,:)\boldsymbol{X}\leqslant \boldsymbol{N}_i(m)\mid \forall \boldsymbol{M}_0^k(\boldsymbol{X}-\varphi_i)\leqslant \phi_i \boldsymbol{N}_0^k\}\geqslant 1-\varepsilon,$$

$$m\in\{1,2,\cdots,L_{\dim}\}\qquad\qquad\qquad\text{(C-3)}$$

对于 $m\in\{1,2,\cdots,L_{\dim}\}$，式(C-3)等价于以下线性规划：

$$\inf_{P\in D_m} P\left\{\begin{array}{l}\min\limits_{\boldsymbol{X}}[-\boldsymbol{M}_i(m,:)\boldsymbol{X}+\boldsymbol{N}_i(m)]\geqslant 0\\ \mathrm{s.\,t.}\ \boldsymbol{M}_0^k(\boldsymbol{X}-\varphi_i)\leqslant \phi_i \boldsymbol{N}_0^k\end{array}\right\}\geqslant 1-\varepsilon\qquad\text{(C-4)}$$

根据线性规划的强对偶定理，对于 $m\in\{1,2,\cdots,L_{\dim}\}$，可导出式(C-4)中线性规划的对偶问题如下：

$$\inf_{P\in D_m} P\left\{\begin{array}{l}\max\limits_{\boldsymbol{u}_{i,m}}[-(\phi_i \boldsymbol{N}_0^k+\boldsymbol{M}_0^k\varphi_i)^{\mathrm{T}}\boldsymbol{u}_{i,m}+\boldsymbol{N}_i(m)]\geqslant 0\\ \mathrm{s.\,t.}\ -(\boldsymbol{M}_0^k)^{\mathrm{T}}\boldsymbol{u}_{i,m}=-(\boldsymbol{M}_i(m,:))^{\mathrm{T}},\boldsymbol{u}_{i,m}\geqslant 0\end{array}\right\}\geqslant 1-\varepsilon\qquad\text{(C-5)}$$

其中，$\boldsymbol{u}_{i,m}\in\mathbb{R}^{L_{\dim}}$ 是第 m 个问题的对偶变量向量。

式(C-5)可以被重新定义为：存在一组 $\boldsymbol{u}_{i,m}\geqslant 0\in\mathbb{R}^{L_{\dim}}$ 满足 $-(\boldsymbol{M}_0^k)^{\mathrm{T}}\boldsymbol{u}_{i,m}=-(\boldsymbol{M}_i(m,:))^{\mathrm{T}}$，其同样满足以下条件：

$$\inf_{P\in D_m} P\{-(\phi_i \boldsymbol{N}_0^k+\boldsymbol{M}_0^k\varphi_i)^{\mathrm{T}}\boldsymbol{u}_{i,m}+\boldsymbol{N}_i(m)\geqslant 0\}\geqslant 1-\varepsilon\qquad\text{(C-6)}$$

定义辅助变量 $\alpha_i=1/\phi_i$，$\beta_i=-\alpha_i\varphi_i$，$\boldsymbol{U}_i(m,:)=(\boldsymbol{u}_{i,m})^{\mathrm{T}}$ 和 $\boldsymbol{U}_i=[\boldsymbol{u}_{i,1},\boldsymbol{u}_{i,2},\cdots,\boldsymbol{u}_{i,L_{\dim}}]^{\mathrm{T}}\in\mathbb{R}^{L_{\dim}\times L_{\dim}}$，式(C-6)可以被重新整理为：存在一组 $\boldsymbol{U}_i\geqslant 0\in\mathbb{R}^{L_{\dim}\times L_{\dim}}$ 满足 $\boldsymbol{U}_i\boldsymbol{M}_0^k=\boldsymbol{M}_i$，其同时满足

$$\inf_{P\in D_m} P\{-\boldsymbol{N}_i(m)\alpha_i+\boldsymbol{U}_i(m,:)\boldsymbol{N}_0^k-\boldsymbol{M}_i(m,:)\beta_i\leqslant 0\}\geqslant 1-\varepsilon,$$

$$m\in\{1,2,\cdots,L_{\dim}\}\qquad\qquad\qquad\text{(C-7)}$$

本书采用 DRCCP 方法对矩阵 $\boldsymbol{N}$ 中的不确定参数进行建模。DRCCP 方法克服了传统鲁棒优化方法的过度保守性，避免了随机优化方法的计算负担。而且，该方法只需要不确定性参数的均值和协方差信息，无需不确定性参数的具体概率分布。基于 DRCCP，式(C-8)可以转化为以下易于处理的约束：

$$\sqrt{(1-\varepsilon)/\varepsilon}\,\sigma_i(m)\alpha_i-\widetilde{\boldsymbol{N}}_i(m)\alpha_i+\boldsymbol{U}_i(m,:)\boldsymbol{N}_0^k-\boldsymbol{M}_i(m,:)\beta_i\leqslant 0$$

$$\text{(C-8)}$$

注意，式(2-28)~式(2-30)构建的内近似方法是一个标准的线性规划问题，使用许多现有方法(如单纯形法[17])均可收敛至全局最优解，也可以采用一些现成的商业软件，如 Cplex 和 Gurobi 来有效地解决这个问题。此

外,我们也可以采用并行计算的方式对各灵活性资源分别进行计算,因为各资源的求解过程可以分开独立进行。

通过计算式(2-28)～式(2-31),我们得到了单个灵活性资源的放缩因子和平移因子。根据式(2-24),对于含多个灵活性资源的聚合商,其可行域的放缩因子和平移因子可计算如下:

$$\phi_k^{\mathrm{AGG}} = \sum_{i \in \Theta_k^{\mathrm{AGG}}} \phi_i, \quad \varphi_k^{\mathrm{AGG}} = \sum_{i \in \Theta_k^{\mathrm{AGG}}} \varphi_i \qquad (2\text{-}32)$$

灵活性资源聚合商的聚合可行域 $\tilde{\Omega}_k^{\mathrm{AGG}}$ 如下:

$$\tilde{\Omega}_k^{\mathrm{AGG}} = \{ \boldsymbol{X}_k^{\mathrm{AGG}} \in \mathbb{R}^{3T} \mid \boldsymbol{M}_0^k (\boldsymbol{X}_k^{\mathrm{AGG}} - \varphi_k^{\mathrm{AGG}}) \leqslant \phi_k^{\mathrm{AGG}} \boldsymbol{N}_0^k \} \qquad (2\text{-}33)$$

其中, $\tilde{\Omega}_k^{\mathrm{AGG}}$ 为聚合商 k 的内接近似聚合可行域。

2.3.2　解聚合策略及聚合商等效运行成本

在灵活性资源聚合商向上级调控中心提交了聚合模型后,灵活性资源管理者可在运行期间获得一系列调控指令。由于所提聚合方法可以获得精准可行域的内部近似结果,因此,上级调控中心发出的调控指令是严格可行的。根据放缩因子和平移因子,聚合商可以根据如下方法直接将调控指令分解给单独的灵活性资源:

$$\boldsymbol{X}_i^* = \frac{\phi_i}{\phi_k^{\mathrm{AGG}}} (\boldsymbol{X}_k^{*\,\mathrm{AGG}} - \varphi_k^{\mathrm{AGG}}) + \varphi_i, \quad i \in \Theta_k^{\mathrm{AGG}} \qquad (2\text{-}34)$$

其中, $\boldsymbol{X}_i^* \in \tilde{\Omega}_i$ 表示分给灵活性资源 i 的调控指令。

定理 1　根据式(2-34)提供的解聚合方法,聚合商 k 的等效运行成本函数 $F_k^{\mathrm{AGG}}(\boldsymbol{X}_k^{*\,\mathrm{AGG}}(s))$ 如下:

$$
\begin{aligned}
F_k^{\mathrm{AGG}}(\boldsymbol{X}_k^{*\,\mathrm{AGG}}(s)) &= \sum_{i \in \Theta_k^{\mathrm{AGG}}} F(\boldsymbol{X}_i^*(s)) \\
&= \sum_{i \in \Theta_k^{\mathrm{AGG}}} \left\{ a_{2,i}(s) \left[\frac{\phi_i}{\phi_k^{\mathrm{AGG}}} (\boldsymbol{X}_k^{*\,\mathrm{AGG}}(s) - \varphi_k^{\mathrm{AGG}}(s)) + \varphi_i(s) \right]^2 + \right. \\
&\quad \left. a_{1,i}(s) \left[\frac{\phi_i}{\phi_k^{\mathrm{AGG}}} (\boldsymbol{X}_k^{*\,\mathrm{AGG}}(s) - \varphi_k^{\mathrm{AGG}}(s)) + \varphi_i(s) \right] + a_{0,i}(s) \right\} \\
&= a_{2,k}^{\mathrm{AGG}}(s) (\boldsymbol{X}_k^{*\,\mathrm{AGG}}(s))^2 + a_{1,k}^{\mathrm{AGG}}(s) \boldsymbol{X}_k^{*\,\mathrm{AGG}}(s) + a_{0,k}^{\mathrm{AGG}}(s)
\end{aligned}
$$

$$(2\text{-}35)$$

其中, $\boldsymbol{X}_i^*(s)$ 表示灵活性资源 i 中第 s 个变量; $F_i(\boldsymbol{X}_i^*(s)) = a_{2,i}(s) \cdot$

$(\boldsymbol{X}_i^*(s))^2 + a_{1,i}(s) \cdot \boldsymbol{X}_i^*(s) + a_{0,i}(s)$ 是灵活性资源 i 的运行成本函数；$a_{2,i}(s), a_{1,i}(s)$ 和 $a_{0,i}(s)$ 表示运行成本相关参数。$\boldsymbol{X}_k^{*\mathrm{AGG}}(s)$ 表示聚合商 k 中的第 s 个变量。$a_{2,k}^{\mathrm{AGG}}(s)$、$a_{1,k}^{\mathrm{AGG}}(s)$ 和 $a_{0,k}^{\mathrm{AGG}}(s)$ 表示成本参数，定义如下：

$$a_{2,k}^{\mathrm{AGG}}(s) = \sum_{i \in \Theta_k^{\mathrm{AGG}}} \frac{a_{2,i}\phi_i^2}{(\phi_k^{\mathrm{AGG}})^2} \tag{2-36}$$

$$a_{1,k}^{\mathrm{AGG}}(s) = \sum_{i \in \Theta_k^{\mathrm{AGG}}} \frac{2a_{2,i}(s)\phi_i\phi_k^{\mathrm{AGG}}\varphi_i(s) - 2a_{2,i}(s)\phi_i^2\phi_k^{\mathrm{AGG}}(s) + a_{1,i}(s)\phi_i\phi_k^{\mathrm{AGG}}}{(\phi_k^{\mathrm{AGG}})^2} \tag{2-37}$$

$$a_{0,k}^{\mathrm{AGG}}(s) = \sum_{i \in \Theta_k^{\mathrm{AGG}}} \left[a_{2,i}(s)\left(\frac{\phi_k^{\mathrm{AGG}}\varphi_i(s) - \phi_i\varphi_k^{\mathrm{AGG}}(s)}{\phi_k^{\mathrm{AGG}}}\right)^2 + \right.$$
$$\left. a_{1,i}(s)\left(\frac{\phi_k^{\mathrm{AGG}}\varphi_i(s) - \phi_i\varphi_k^{\mathrm{AGG}}(s)}{\phi_k^{\mathrm{AGG}}}\right) + a_{0,i}(s) \right] \tag{2-38}$$

式(2-35)中给出的聚合商等效运营成本函数是一个标准的二次函数。基于式(2-33)中的聚合可行域和式(2-35)中的等效运行成本函数，聚合商可以方便地参与上级电力系统调控运行，这可以显著简化上级系统运营商的建模和管理负担。

为了便于读者理解，算法 1 和算法 2 分别给出了所提出的聚合和分解方法的伪代码。

算法 1：聚合算法

输入：灵活性资源参数 ξ_i，聚合商数量 N^{AGG}，聚合商 k 含有的灵活性资源数量 N_k^{FR}；

输出：聚合可行域 $\widetilde{\Omega}_k^{\mathrm{AGG}}$；等效运行成本函数 F_k^{AGG}。

for $k = 1, 2, \cdots, N^{\mathrm{AGG}}$ **do**

　　for $i = 1, 2, \cdots, N_k^{\mathrm{FR}}$ **do**

　　　　计算各灵活性资源的参数矩阵 $\boldsymbol{M}_i$ 和 $\boldsymbol{N}_i$；

　　end for

　　$\boldsymbol{N}_0^k \leftarrow \sum_{i \in \Theta_k^{\mathrm{AGG}}} \boldsymbol{N}_i / N_k^{\mathrm{FR}}, \boldsymbol{M}_0^k \leftarrow \sum_{i \in \Theta_k^{\mathrm{AGG}}} \boldsymbol{M}_i / N_k^{\mathrm{FR}}$

　　for $i = 1, 2, \cdots, N_k^{\mathrm{FR}}$ **do**

　　　　求解式(2-28)～式(2-31)得到参数 a_i 和 β_i；

　　　　计算放缩因子和平移因子 $\phi_i \leftarrow 1/a_i, \varphi_i \leftarrow \beta_i/a_i$；

　　　　$\phi_k^{\mathrm{AGG}} \leftarrow \phi_k^{\mathrm{AGG}} + \phi_i$；$\varphi_k^{\mathrm{AGG}} \leftarrow \varphi_k^{\mathrm{AGG}} + \varphi_i$；

---

end for

根据式(2-33)计算$\widetilde{\Omega}_k^{\mathrm{AGG}}$，根据式(2-35)计算$F_k^{\mathrm{AGG}}$；

end for

Return $\widetilde{\Omega}_k^{\mathrm{AGG}}$，$F_k^{\mathrm{AGG}}$

算法 2：分解算法

输入：聚合商k的聚合参考命令$\boldsymbol{X}_k^{*\mathrm{AGG}} \in \widetilde{\Omega}_k^{\mathrm{AGG}}$，聚合商数量$N^{\mathrm{AGG}}$，聚合商$k$含有的灵活性资源数量$N_k^{\mathrm{FR}}$；

输出：灵活性资源i的调度命令$\boldsymbol{X}_i^*$。

for $k=1,2,\cdots,N^{\mathrm{AGG}}$ **do**

　　for $i=1,2,\cdots,N_k^{\mathrm{FR}}$ **do**

　　　　根据式(2-34)计算$\boldsymbol{X}_i^*$

　　end for

end for

Return $\boldsymbol{X}_i^*$

2.4　灵活性资源集群聚合方法

2.4.1　引入灵活性资源聚类过程的必要性说明

不同类别灵活性资源的参数存在差异，如2.2节所述。此外，即使属于同一类别的灵活性资源，其参数和可行域在实际系统中也是不同的。例如，即使对于源自统一厂家、具有相同额定功率容量和荷电状态范围的储能设备，由于其初始能量存在差异，可行域的结构和大小也会不同。现有研究已经指出[12]，将参数相似的灵活性资源进行聚合，可以获得更大的聚合可行域和灵活调控潜力。结合前文提到的聚合方法，本节对这种现象给出了理论解释。

以下分析结论可以表明，当不同灵活性资源的参数趋于一致时，聚合可行域可被扩大。考虑不同灵活性资源的$\boldsymbol{N}_i$矩阵中第m个元素不相同而其他元素相同的情况：当$i \neq j$时，$\widetilde{\boldsymbol{N}}_i(m) \neq \widetilde{\boldsymbol{N}}_j(m)$。通过求解式(2-28)～式(2-31)中的问题，我们可计算出表征各灵活性资源可行域大小的辅助变量(α_i)，原问题对应的增广拉格朗日函数为

$$L_i = \alpha_i + \sum_{l=1}^{N_{\mathrm{eq}}} \mu_i^l (G_l \boldsymbol{X} - d_l) + \sum_{l=1}^{N_{\mathrm{ineq}}-1} \lambda_i^l (f_l(\boldsymbol{X})) +$$

$$\nu_i^m \left[\sqrt{(1-\varepsilon)/\varepsilon}\,\sigma(m)\alpha_i - \widetilde{\boldsymbol{N}}_i(m)\alpha_i + \boldsymbol{U}_i(m,:)\boldsymbol{N}_0^k - \boldsymbol{M}_i(m,:)\beta_i\right]$$
$$(2\text{-}39)$$

其中，N_{eq} 和 N_{ineq} 分别为式(2-28)~式(2-31)中相等约束和不相等约束的个数；$G_l\boldsymbol{X}=d_l$ 表示原问题中的等式约束；$f_l(\boldsymbol{X})\leqslant 0$ 表示原问题中的其余不等式约束；μ_i^l、λ_i^l 和 ν_i^m 是拉格朗日乘子。

将最优解 $(\boldsymbol{\alpha}_i^*,\boldsymbol{\beta}_i^*,\boldsymbol{U}_i^*)$ 代入式(2-39)，可得目标值对 $\widetilde{\boldsymbol{N}}_i(m)$ 的偏导数：

$$\frac{\partial L_i}{\partial \widetilde{\boldsymbol{N}}_i(m)} = -\nu_i^m \alpha_i^* \qquad (2\text{-}40)$$

考虑到 $\Delta\widetilde{\boldsymbol{N}}_i(m)$ 的偏差，可以根据偏微分理论推导出灵活性资源聚合商放缩因子的总体变化：

$$\begin{aligned}
\Delta\phi_k^{\mathrm{AGG}} &= \sum_{i\in\Theta_k^{\mathrm{AGG}}}\Delta\phi_i = \sum_{i\in\Theta_k^{\mathrm{AGG}}}\frac{\partial\phi_i}{\partial\widetilde{\boldsymbol{N}}_i(m)}\Delta\widetilde{\boldsymbol{N}}_i(m)\\
&= \sum_{i\in\Theta_k^{\mathrm{AGG}}}\frac{\partial\phi_i}{\partial L_i}\frac{\partial L_i}{\partial\widetilde{\boldsymbol{N}}_i(m)}\Delta\widetilde{\boldsymbol{N}}_i(m)\\
&= \sum_{i\in\Theta_k^{\mathrm{AGG}}}\frac{1}{(L_i)^2}\nu_i^m\alpha_i^*\,\Delta\widetilde{\boldsymbol{N}}_i(m) \qquad (2\text{-}41)
\end{aligned}$$

若减小灵活性资源参数偏差，将 $\widetilde{\boldsymbol{N}}_i(m)$ 与 $\boldsymbol{N}_0^k(m)$ 之间的距离按比例 γ 减小，即 $\Delta\widetilde{\boldsymbol{N}}_i(m)=\gamma[\boldsymbol{N}_0^k(m)-\widetilde{\boldsymbol{N}}_i(m)]$，则聚合商整体放缩因子的变化量计算如下：

$$\Delta\phi_k^{\mathrm{AGG}} = \sum_{i\in\Theta_k^{\mathrm{AGG}}}\frac{1}{(L_i)^2}\nu_i^m\alpha_i^*\,\gamma[\boldsymbol{N}_0^k(m)-\widetilde{\boldsymbol{N}}_i(m)] \qquad (2\text{-}42)$$

根据拉格朗日乘子的物理意义，当 $\widetilde{\boldsymbol{N}}_i(m)\leqslant\boldsymbol{N}_0^k(m)$ 时，为使灵活性资源 i 的内部近似可行域最大化，决策变量应达到原问题中第 m 个约束的边界。因此，如果 $\widetilde{\boldsymbol{N}}_i(m)\leqslant\boldsymbol{N}_0^k(m)$，则原问题中的第 m 个不等式约束被激活，相应的拉格朗日乘子 $\nu_i^m>0$；否则，$\nu_i^m=0$。因此，可以得到

$$\Delta\phi_k^{\mathrm{AGG}} = \sum_{\substack{i\in\Theta_k^{\mathrm{AGG}}\\ \boldsymbol{N}_i(m)\leqslant\boldsymbol{N}_0^k(m)}}\frac{1}{(L_i)^2}\nu_i^m\alpha_i^*\,\gamma[\boldsymbol{N}_0^k(m)-\widetilde{\boldsymbol{N}}_i(m)] > 0 \quad (2\text{-}43)$$

其中，$i\in\Theta_k^{\mathrm{AGG}}\big|_{\boldsymbol{N}_i(m)\leqslant\boldsymbol{N}_0^k(m)}$ 表示满足 $\widetilde{\boldsymbol{N}}_i(m)\leqslant\boldsymbol{N}_0^k(m)$ 的灵活性资源集合。

以上分析表明，随着灵活性资源参数偏差的减小，灵活性资源聚合商的

整体放缩因子增大,聚合可行域增大。因此,通过减少聚合商中灵活性资源参数的异质性,可以有效增大聚合模型的可行域,更好地挖掘灵活性资源的调控潜力。鉴于此,本书有必要引入合理的聚类方法,将参数相似的灵活性资源集群划分到同一聚合商中。

2.4.2　灵活性资源聚类方法

本节提出了多尺度相似性度量方法,并采用 Ng-Jordan-Weiss(NJW)谱聚类算法对灵活性资源进行分类[18]。详细的灵活性资源聚类方法如下。

1. 参数采集和去噪

灵活性资源聚类方法需要在网络中进行信息的传递和通信。本书设计了一种专家知识和中值滤波融合的去噪方法,用于处理灵活性资源参数采集时的通信噪声。伪代码如算法 3 所示。

首先,本方法对灵活性资源的参数(ξ_i)进行多次收集并存储在缓冲区中;其次,为了减轻奇异值的影响,应根据专家知识和历史经验预先确定一个合理的范围$[\underline{\xi}, \overline{\xi}]$。对于采集到的超出合理范围的参数,应丢弃并重新采样;最后,选择中值作为输出,具有效率高、复杂度低的优点。

算法 3:去噪算法(伪代码)

输入:灵活性资源参数的个数 K;缓冲长度 L;

输出:去噪后灵活性资源 i 的参数 ξ_i。

for $k = 1, 2, \cdots, K$ **do**

　　for $l = 1, 2, \cdots, L$ **do**

　　　　从第一次抽样中取灵活性资源 i 的第 k 个参数为 $y_i(k, l)$;

　　　　while $y_i(k, l) \notin [\underline{\xi}(k), \overline{\xi}(k)]$ **do** 重新采样 $y_i(k, l)$; **end while**

　　end for

　　$\xi_i(k) = \text{median}\{y_i(k, 1), y_i(k, 2), \cdots, y_i(k, L)\}$;

end for

Return ξ_i

---

2. 灵活性资源的多尺度相似性度量方法

由于灵活性资源可行域的多面体是由矩阵 $\boldsymbol{M}$ 和 $\boldsymbol{N}$ 决定的,因此,聚类原则应充分考虑矩阵 $\boldsymbol{M}$ 和 $\boldsymbol{N}$ 中的元素。然而,矩阵 $\boldsymbol{M}$ 和 $\boldsymbol{N}$ 的维数非常大,直接根据这些高维矩阵中的元素对灵活性资源进行聚类会导致聚类结果的不稳定[18]。为了降低输入的数据维数,本节设计了不同灵活性资源之间的相似性度量方法。由于只有几个关键参数(θ_i、η_i、κ_i^{in}、κ_i^{out})可以影响矩阵 $\boldsymbol{M}$ 中的元素,因此我们可以基于这些关键参数评估不同灵活性资源矩阵 $\boldsymbol{M}$ 之间的相似性。

(1) $\boldsymbol{M}$ 矩阵的相似性度量:为了减少奇异数据对聚类结果的影响,本书采用如下极值归一化方法将 θ_i、η_i、κ_i^{in} 和 κ_i^{out} 等参数控制在[0,1]的范围内:

$$\tilde{\theta}_i = \frac{\theta_i}{\max\limits_{i=1,2,\cdots,N^{\text{FR}}}[\theta_i]}, \quad \tilde{\kappa}_i^{\text{in}} = \frac{\eta_i \kappa_i^{\text{in}}}{\max\limits_{i=1,2,\cdots,N^{\text{FR}}}[\eta_i \kappa_i^{\text{in}}]}, \quad \tilde{\kappa}_i^{\text{out}} = \frac{\eta_i / \kappa_i^{\text{out}}}{\max\limits_{i=1,2,\cdots,N^{\text{FR}}}[\eta_i / \kappa_i^{\text{out}}]}$$

$$(2\text{-}44)$$

因此,不同灵活性资源之间的相似距离矩阵($\boldsymbol{D}^M$)以矩阵 $\boldsymbol{M}$ 表示,可以用欧氏距离来度量:

$$\boldsymbol{D}^M(i,j) = [(\tilde{\theta}_i - \tilde{\theta}_j)^2 + (\tilde{\kappa}_i^{\text{in}} - \tilde{\kappa}_j^{\text{in}}) + (\tilde{\kappa}_i^{\text{out}} - \tilde{\kappa}_j^{\text{out}})^2]^{1/2} \quad (2\text{-}45)$$

(2) $\boldsymbol{N}$ 矩阵的相似性度量:$\boldsymbol{N}$ 矩阵受以下灵活性资源参数的影响,具体包括功率调节范围、辅助服务范围、剩余能量和初始能量状态。为了降低原始数据集的维度,提高计算效率,本节通过综合幅值、幅值和相关性 3 个方面来衡量不同灵活性资源之间 $\boldsymbol{N}$ 矩阵的相似性。

对于不同灵活性资源之间的 $\boldsymbol{N}$ 矩阵,综合幅值距离矩阵($\boldsymbol{D}_1^N$)可定义如下:

$$\boldsymbol{D}_1^N(i,j) = \left[\sum_{m=1}^{L_{\text{dim}}}(\boldsymbol{N}_i(m) - \boldsymbol{N}_j(m))^2\right]^{1/2} \quad (2\text{-}46)$$

灵活性资源 i 与 j 在 $\boldsymbol{N}$ 矩阵中第 m 行之间的相对距离 $d_{i,j}^N(m)$ 为

$$d_{i,j}^N(m) = |\boldsymbol{N}_i(m) - \boldsymbol{N}_j(m)|, \quad m = 1,2,\cdots,L_{\text{dim}} \quad (2\text{-}47)$$

从阵列 $[d_{i,j}^N(m)|_{m=1,2,\cdots,L_{\text{dim}}}]$ 中挑选出 N' 最大的元素,用 $[d_{i,j}'^N(m)|_{m=1,2,\cdots,N'}]$ 表示,不同灵活性资源之间的极值距离矩阵($\boldsymbol{D}_2^N$)定义如下:

$$\boldsymbol{D}_2^N(i,j) = \frac{1}{N'}\sum_{m=1}^{N'} d_{i,j}'^N(m) \quad (2\text{-}48)$$

为衡量相关距离,采用相关系数 $r^N(i,j)$ 来评估不同灵活性资源之间的参数相关性:

$$r^N(i,j) = \frac{\sum\limits_{s=1}^{L_{\text{dim}}}(\boldsymbol{N}_i(s) - \boldsymbol{N}_i^{\text{ave}})(\boldsymbol{N}_j(s) - \boldsymbol{N}_j^{\text{ave}})}{\left[\sum\limits_{s=1}^{L_{\text{dim}}}(\boldsymbol{N}_i(s) - \boldsymbol{N}_i^{\text{ave}})^2\right]^{1/2}\left[\sum\limits_{s=1}^{L_{\text{dim}}}(\boldsymbol{N}_j(s) - \boldsymbol{N}_j^{\text{ave}})^2\right]^{1/2}} \quad (2\text{-}49)$$

其中，N_i^{ave} 和 N_j^{ave} 是灵活性资源 i 和 j 的 N 矩阵中所有元素的平均值。

相关系数可变换为相关距离矩阵（D_3^N）：

$$D_3^N(i,j) = 1 - r^N(i,j) \tag{2-50}$$

根据所提出的相似性度量方法，多尺度相似性度量矩阵可表示为

$$P = w^M D^M + w_1^N D_1^N + w_2^N D_2^N + w_3^N D_3^N \tag{2-51}$$

其中，w^M、w_1^N、w_2^N 和 w_3^N 是权重系数。

3. NJW 谱聚类算法

在上述多尺度相似性度量方法的基础上，本节采用 Ng-Jordan-Weiss（NJW）谱聚类算法对灵活性资源进行如下分类[18]。

步骤 1　统计聚合商数量（N^{AGG}）。输入灵活性资源的相关参数。计算 P 矩阵。

步骤 2　基于高斯核函数和归一化，将 P 矩阵变换为拉普拉斯矩阵 L。

步骤 3　计算 L 矩阵的最大 N^{AGG} 特征值及相关特征向量 $v_1, v_2, \cdots, v_{N^{AGG}}$；使用这些特征向量构造矩阵 $V = [v_1, v_2, \cdots, v_{N^{AGG}}] \in \mathbb{R}^{N^{FR} \times N^{AGG}}$。

步骤 4　使用 K-means 等聚类方法基于 V 矩阵将灵活性资源进行聚类分群。

2.4.3　所提集群聚合方法的实施流程概述

图 2-2 显示了所提灵活性资源聚合和解聚合方法的实施流程，该方法具体分为以下 4 个步骤。

步骤 1　灵活性资源聚类：

系统管理者需要收集参与系统运行的灵活性资源的数量和参数。基于所提聚类算法，根据灵活性资源聚类结果将它们分类为不同的聚合商。

步骤 2　灵活性资源聚合结果计算：

根据聚类结果，每个灵活性资源聚合商需要计算内部灵活性资源的聚合模型，该聚合模型包括内部近似可行域式（2-33）和等效运行成本函数式（2-35）。

步骤 3　参与上级系统优化运行：

灵活性资源聚合商可以参与基于聚合模型的上级电力系统优化，每个聚合商接收一系列聚合参考调度计划。

步骤 4　灵活性资源聚合商的指令分解：

基于式（2-34），聚合商将调控指令分解至各单独的灵活性资源设备。

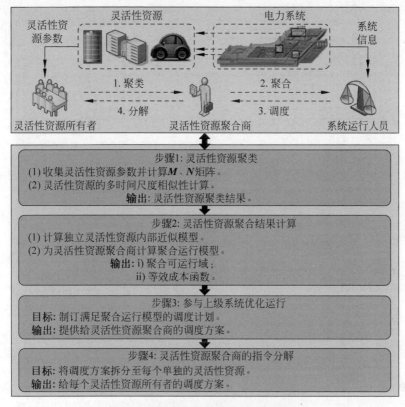

图 2-2　提出方法实现流程的示意性概述

2.5　算 例 分 析

2.5.1　所提方法的有效性分析

算例测试系统考虑了 3 种不同的灵活性资源,包括 1000 个储能设备、1000 个电动汽车充电设备和 1000 个温控负荷。根据各类资源的概率分布,采用蒙特卡罗抽样方法随机生成灵活性资源参数。灵活性资源聚合商参与电力市场运营的调度计划见图 2-3,单个灵活性资源的分解调度计划见图 2-4。结果表明,所提方法可以在 3.77 s 内实现 3000 个灵活性资源的全日集中式调度。

将所提聚合方法与现有文献中最新的聚合方法进行对比,对比结果见

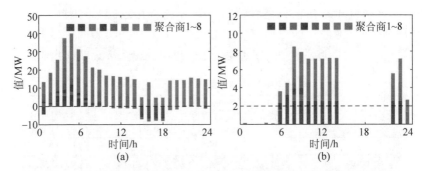

图 2-3　灵活性资源聚合商参与电力市场运营的调度计划（见文前彩图）

（a）灵活性资源聚合商的输入功率调度计划；（b）灵活性资源聚合商提供调频服务的计划

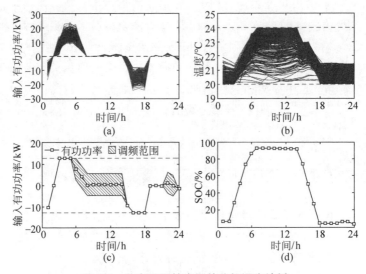

图 2-4　单个灵活性资源的分解调度计划

（a）聚合商 2 下辖的单个储能输入功率分解；（b）聚合商 6 下辖的单个温控负荷的室内温度分解；
（c）单个储能的功率和调频服务调度计划；（d）单个储能的 SOC 曲线

表 2-1。方法 Ⅰ 代表所提聚合方法；方法 Ⅱ 代表 Zonotope 内接聚合方法；方法 Ⅲ 代表 Box 内接聚合方法；方法 Ⅳ 代表外接多面体聚合方法；方法 Ⅴ 代表各灵活性资源直接参与调度的方法。结果表明,所提方法相比现有的内接聚合方法能获得更大的灵活性和更低的运行成本,相比外接聚合方法能严格保证分解指令的可行性,相比灵活性资源直接参与调度的方法能显著提高计算效率。

表 2-1   5 种聚合方法的应用效果对比

聚合方法	计算时间/s	运行成本/美元	不可行分解指令的占比/%
I	3.77	5256.6	0.00
II	3.04	6219.1	0.00
III	2.65	7598.4	0.00
IV	5.42	5310.3	12.42
V	1020.58	4849.9	0.00

2.5.2   所提方法的优势分析

图 2-5 给出了采用不同的聚类方法对聚合调控结果的影响情况。其中 Case I 代表所提基于多尺度相似性度量的谱聚类方法,Case II 代表基于灵活性参数直接聚类的方法,Case III 代表随机分群聚类的方法。从图 2-5 中可以看出,聚类分群的引入可以将聚合模型的灵活性进一步扩大,起到降本增效的效果,与其他聚类方法相比,采用所提灵活性资源聚类算法可以获得更大的灵活性和更佳的经济性。

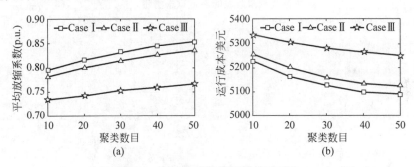

图 2-5   不同聚类数目下的效果对比

(a) 不同聚类数目下灵活性对比;(b) 不同聚类数目下运行成本对比

2.5.3   针对灵活性资源充放电损耗的讨论

本节以储能资源为例,针对灵活性资源充放电损耗对所提方法的有效性影响进行分析,基于表 2-2 和表 2-3 中的概率分布,对储能设备的参数进行抽样,产生大量储能资源;采用所提方法对储能的聚合可行域和等效运行成本进行求解,以储能聚合商效益最大化为目标,获得储能聚合商的调控曲线;在此基础上,采用所提解聚合方法,获得单独储能资源的自调控指令,具体见图 2-6。从图 2-6 可以看出,储能设备在低电价时段(3:00—

6:00)充电,在高峰电价时段(15:00—18:00)放电,在调节容量价格高时段
(8:00—14:00)提供调节服务,验证了所提方法能有效考虑灵活性资源充放
电之间的差异性[1,19]。

表 2-2　储能设备参数

参　　数	ES0	ES1	ES2	ES3
能量容量/(kW·h)	50	55	50	45
最大充放电功率/kW	12.5	14.0	12.0	11.5
最大调节范围/kW	5.2	6.0	4.5	5.0
初始能量/(kW·h)	10.0	12.0	11.0	9.0
能量耗散率(p.u.)	0.990	0.990	0.995	0.985

表 2-3　储能设备充放电效率的概率分布

参　　数	分　　布	均　　值	方　　差	最小值	最大值
充电效率系数(p.u.)	TGD	0.95	0.025	0.9	1.0
放电效率系数(p.u.)	TGD	0.95	0.025	0.9	1.0

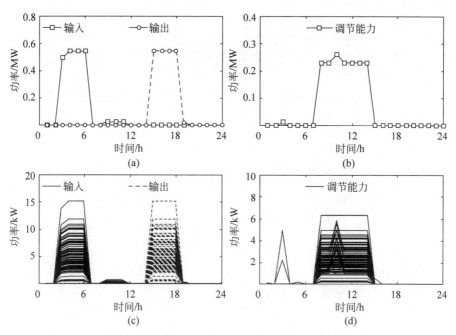

图 2-6　考虑充放电损失的储能聚合商和单个储能设备的调控曲线

(a) 储能设备聚合器的电源输入计划和输出计划；(b) 储能设备聚合器的调节容量服务能提供
的调节能力；(c) 单个储能设备的功率输入功率和输出功率分解；(d) 单个储能设备的调节容量
服务分解

2.6　本章小结

本章构建了考虑参数异质性和不确定性的规模化小容量灵活性资源聚合模型；考虑多类服务之间的耦合关系，基于多面体内接近似方法和分布鲁棒机会约束理论，推导了规模化灵活性资源聚合可行域和等效成本函数；设计了基于多尺度相似性度量的谱聚类算法，实现了灵活性资源集群聚类，进一步挖掘了聚合模型的灵活性。算例分析验证了所提方法在提高系统灵活性和实现海量资源高效调控方面的优势，能够有效解决海量灵活性资源带来的"维度灾"难题，将无序分布式能源转换成有序灵活性资源，显著提升了调控中心的建模效率和计算效率。

参 考 文 献

[1] XU X,XU Y,WANG M H,et al. Data-driven game-based pricing for sharing rooftop photovoltaic generation and energy storage in the residential building cluster under uncertainties[J]. IEEE Transactions on Industrial Informatics,2021, 17(7): 4480-4491.

[2] LI Q,VITTAL V. Non-iterative enhanced SDP relaxations for optimal scheduling of distributed energy storage in distribution systems[J]. IEEE Transactions on Power Systems,2017,32(3): 1721-1732.

[3] BAROT S,TAYLOR J A. A concise,approximate representation of a collection of loads described by polytopes[J]. International Journal of Electronic Power Energy System,2017,84: 55-63.

[4] LI Z,XU Y,FENG X,et al. Optimal stochastic deployment of heterogeneous energy storage in a residential multienergy microgrid with demand-side management[J]. IEEE Transactions on Industrial Informatics, 2021, 17 (2): 991-1004.

[5] RECALDE MELO D F, TRIPPE A, GOOI H B, et al. Robust electric vehicle aggregation for ancillary service provision considering battery aging[J]. IEEE Transactions on Smart Grid,2018,9(3): 1728-1738.

[6] VAGROPOULOS S I, BAKIRTZIS A G. Optimal bidding strategy for electric vehicle aggregators in electricity markets[J]. IEEE Transactions on Power Systems,2013,28(4): 4031-4041.

[7] HE G,CHEN Q,KANG C,et al. Optimal bidding strategy of battery storage in power markets considering performance-based regulation and battery cycle life[J].

IEEE Transactions on Smart Grid,2016,7(5): 2359-2367.

[8]　MASIELLO R D,ROBERTS B, SLOAN T. Business models for deploying and operating energy storage and risk mitigation aspects[J]. Proceedings of the IEEE, 2014,102(7): 1052-1064.

[9]　MÜLLER F L,SZABÓ J,SUNDSTRÖM O,et al. Aggregation and disaggregation of energetic flexibility from distributed energy resources[J]. IEEE Transactions on Smart Grid,2019,10(2): 1205-1214.

[10]　WEIBEL C. Minkowski Sums of Polytopes: Combinatorics and computation[D]. Lausanne: Ecole Polytechnique Federale de Lausanne,2007.

[11]　MÜLLER F L, SUNDSTRÖM O, SZABÓ J, et al. Aggregation of energetic flexibility using zonotopes[C]//2015 54th IEEE Conference on Decision and Control (CDC). Osaka: IEEE,2015: 6564-6569.

[12]　ZHAO L,ZHANG W, HAO H, et al. A geometric approach to aggregate flexibility modeling of thermostatically controlled loads[J]. IEEE Transactions on Power Systems,2017,32(6): 4721-4731.

[13]　EAVES B C, FREUND R M. Optimal scaling of balls and polyhedra [J]. Mathematical Programming,1982,23(1): 138-147.

[14]　SCHNEIDER R. Convex bodies: The Brunn-Minkowski Theory[M]. Cambridge: Cambridge University Press,2013.

[15]　AMINI M,ALMASSALKHI M. Optimal corrective dispatch of uncertain virtual energy storage systems[J]. IEEE Transactions on Smart Grid, 2020, 11 (5): 4155-4166.

[16]　VRETTOS E,ANDERSSON G. Scheduling and provision of secondary frequency reserves by aggregations of commercial buildings [J]. IEEE Transactions on Sustainable Energy,2016,7(2): 850-864.

[17]　HILLIER F S,LIEBERMAN G J. Introduction to Operations Research[M]. 10th ed. New York,USA: McGraw-Hill,2014: 93-107.

[18]　LIN S, LI F, TIAN E, et al. Clustering load profiles for demand response applications[J]. IEEE Transactions on Smart Grid,2019,10(2): 1599-1607.

[19]　LI Z,XU Y,FANG S,et al. Robust coordination of a hybrid AC/DC multi-energy ship microgrid with flexible voyage and thermal loads[J]. IEEE Transactions on Smart Grid,2020,11(4): 2782-2793.

第3章　考虑潮流安全约束的虚拟电厂经济调度

3.1　本章引言

与可再生能源和市场价格的不确定性不同,上级市场运营商发出的辅助服务调节指令是调频容量范围内的不可预测因素。为减轻辅助服务指令不确定性对虚拟电厂潮流安全的负面影响,本章提出了基于三层优化的虚拟电厂经济调度模型,具体包括运营模型、最恶劣场景评估和调节指令分解策略,所提方法能支撑虚拟电厂在考虑随机辅助服务调节指令和潮流安全约束的情况下制订能量和辅助服务协同经济调度计划。在此基础上,本章将所提出的三层模型等价转换为易于处理的单层优化问题,满足虚拟电厂短期调度的计算效率要求。数值模拟结果证明了所提方法相比于其他现有模型具有优越性。

本章的其余部分组织如下。3.2节介绍相关背景;3.3节将提出基于三层优化的虚拟电厂日前经济调度模型;3.4节将三层优化模型转化为等价的单层优化问题;3.5节将提出的模型扩展到日内调度;3.6节和3.7节将分别给出案例研究和结论。

3.2　相关背景介绍

本节将介绍所提数学模型的实施背景和主要结构。

3.2.1　技术方法的应用背景

本章所提方法的实施背景是大规模电力市场,例如,中国南方电网的广东省电力市场。详细的市场机制和实施场景介绍如下。

(1)本书提出的竞价策略在能量与调节服务市场环境下实施。值得注意的是,本章所提调节服务是指在有功功率调度曲线基础上向上和向下的调节量。在市场出清过程结束后,虚拟电厂代理商需要跟踪电力批发市场发布的有功出清曲线,并保持足够的调节能力储备,以便在实际运行中跟随辅助服务市场发出的向上或向下的调节指令。

（2）本书提出的经济调度策略适用于由虚拟电厂代理商管理所有可控设备的场景[1,2-6]。虚拟电厂代理商以独立市场参与者的身份向上级市场运营商提交投标方案。

（3）本章将虚拟电厂系统建模为电力市场中的价格接受者[4-10]。虚拟电厂代理商的竞价内容包括每小时有功功率轨迹、上调容量和下调容量。在日前运行过程中，虚拟电厂代理商需要提交次日的小时级能量和辅助服务调节容量投标决策。在日内运行过程中，虚拟电厂代理商需要确定电力市场的日内能量和辅助服务调节容量，并在每个时段更新所有可控设备的调度指令。虚拟电厂中的可控设备位于配电网层面（distribution level）。虚拟电厂与电力市场在日前市场和日内市场的协调情况如图 3-1 所示。

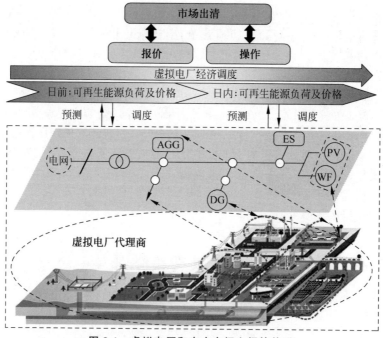

图 3-1　虚拟电厂和电力市场之间的关系

（4）值得注意的是，考虑到虚拟电厂可以从不同节点或区域接入电力系统[11-12]，一些研究聚焦跨电网节点的虚拟电厂。然而，这种虚拟电厂超出了本章的研究范围。本章重点研究具有区域网络拓扑[9,13-15]，通过电网接点与上级电力系统进行交互的虚拟电厂系统。因此，本章提出的策略也适用于其他类似实体，如主动配电网[6]、并网模态的微电网[16]和负荷聚合商[17]。采用虚拟电厂这个概念的原因如下：除管理各种灵活性资源外，虚拟电厂的商业功能和为上级电力系统提供服务也是本研究的主要关注点。利用本章提出的策略，虚拟电厂可以作为一个独立主体，像传统发电厂一样在上级电力系统中调度和交易。

3.2.2　数学模型的主要结构

本问题的主要难点在于上级市场运营商发出的频率调节指令是虚拟电厂调节容量范围内的随机值，并且在每个调度间隔内频繁变化。此外，虚拟电厂提供的调节范围本质上属于决策变量。因此，在计算经济调度问题之前，调节范围是不可预测且无法校准的。因此，对实际运行中频率调节需求的不确定性进行建模面临着重大挑战。

为了解决调节需求的不确定性，促进系统安全运行，本章提出了一种三层优化模型的经济调度策略。数学模型的主要结构和各层之间的信息交换如图 3-2 所示：①第一层以虚拟电厂整体运营利润最大化为目标，计算出

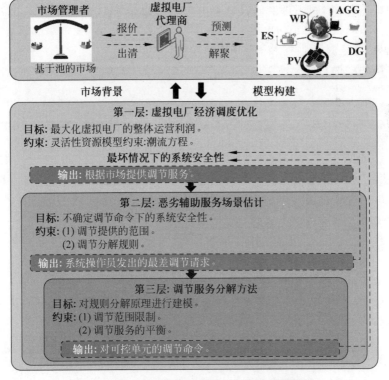

图 3-2　基于三层优化的虚拟电厂经济调度模型

有功报价方案和调节服务提供范围并发送给第二层；②第二层用于估计最恶劣的辅助服务场景；③根据实际运行中的辅助服务指令分解方法，在第三层计算如何将上级电网下发的聚合指令分解为单个可控设备的调节指令，并将最恶劣的调节场景（包括市场运营商发出的调节指令和对可控设备的调节指令）回送至第一层，保证支路潮流和节点电压安全。

3.3　虚拟电厂日前经济调度的三层优化模型

本节详细介绍了优化问题，包括目标函数、约束条件和不同层次的决策变量。

3.3.1　第一层：虚拟电厂经济调度优化

第一层建立了考虑多种可控设备和网络约束的虚拟电厂能量和辅助服务调度模型；由于单个虚拟电厂容量通常较小，无法影响批发市场的出清价格[8-9]，因此，我们可以假设虚拟电厂代理商是一个价格接受者，只向上级电力市场提交时变的投标量。虚拟电厂根据大量的批发市场清算结果进行结算，并通过预测技术获取市场电价。

第一层的目标是虚拟电厂的运营利润最大化，它等于能量和辅助服务市场的结算收入减去可控设备的运营成本和调节成本：

$$
\max_{X^{1-\text{layer}}} \Phi^{1-\text{layer}} = \Delta T \sum_{t=1}^{T} \left[(\pi_t^{\text{EM}} P_t^{\text{VPP}} + \pi_t^{\text{RM,up}} \overline{R}_t^{\text{VPP}} + \pi_t^{\text{RM,down}} \underline{R}_t^{\text{VPP}}) - \sum_{k=1}^{N^{\text{unit}}} (C_k^{\text{unit}}) \right]
$$

$$(3-1)$$

其中，P_t^{VPP} 为虚拟电厂在 t 时刻的有功竞价；$\overline{R}_t^{\text{VPP}}$ 和 $\underline{R}_t^{\text{VPP}}$ 分别为 t 时刻虚拟电厂在辅助服务市场上提供的向上调节空间和向下调节空间；C_k^{unit} 为可控设备 k 的运行成本函数；虚拟电厂中有 N^{unit} 个可控设备；T 是时隙的个数；ΔT 为调度时间间隔；π_t^{EM}、$\pi_t^{\text{RM,up}}$ 和 $\pi_t^{\text{RM,down}}$ 分别为 t 时刻有功功率、上调容量和下调容量的市场价格预测。

虚拟电厂中有多种可控设备，如分布式电源、可再生能源发电、大容量储能设备、小容量灵活性资源聚合商等。不同类型可控设备的运行成本函数建模如下：

$$
C_{k,t}^{\text{DG}} = \sum_{n=1}^{N_k^{\text{DG,seg}}} (c_{k,n}^{\text{DG}} P_{k,n,t}^{\text{DG}}) + \gamma_k^{\text{DG,up}} \overline{R}_{k,t}^{\text{DG}} + \gamma_k^{\text{DG,down}} \underline{R}_{k,t}^{\text{DG}}, \quad P_{k,t}^{\text{DG}} = \sum_{n=1}^{N_k^{\text{DG,seg}}} P_{k,n,t}^{\text{DG}}
$$

$$(3-2)$$

$$C_{k,t}^{\mathrm{ES}} = c_k^{\mathrm{ES,in}} P_{k,t}^{\mathrm{ES,in}} + c_k^{\mathrm{ES,out}} P_{k,t}^{\mathrm{ES,out}} + \gamma_k^{\mathrm{ES,up}} \overline{R}_{k,t}^{\mathrm{ES}} + \gamma_k^{\mathrm{ES,down}} \underline{R}_{k,t}^{\mathrm{ES}} \tag{3-3}$$

$$C_{k,t}^{\mathrm{RES}} = c_k^{\mathrm{RES}} \cdot P_{k,t}^{\mathrm{RES}} \tag{3-4}$$

$$C_{k,t}^{\mathrm{AGG}} = c_k^{\mathrm{AGG,in}} P_{k,t}^{\mathrm{AGG,in}} + c_k^{\mathrm{AGG,out}} P_{k,t}^{\mathrm{AGG,out}} + \gamma_k^{\mathrm{AGG,up}} \overline{R}_{k,t}^{\mathrm{AGG}} + \gamma_k^{\mathrm{AGG,down}} \underline{R}_{k,t}^{\mathrm{AGG}} \tag{3-5}$$

其中，$C_{k,t}^{\mathrm{DG}}$、$C_{k,t}^{\mathrm{ES}}$、$C_{k,t}^{\mathrm{RES}}$ 和 $C_{k,t}^{\mathrm{AGG}}$ 分别为分布式电源 k、储能装置 k、可再生能源 k 和聚合商 k 在 t 时刻的运行成本函数；$P_{k,t}^{\mathrm{DG}}$ 为分布式电源 k 在 t 时刻的有功输出功率；$P_{k,n,t}^{\mathrm{DG}}$ 为第 n 段分布式电源有功功率输出；$N_k^{\mathrm{DG,seg}}$ 为分布式电源的成本函数段数；$P_{k,t}^{\mathrm{ES,in}}$ 和 $P_{k,t}^{\mathrm{ES,out}}$ 分别为储能装置 k 在 t 时刻的输入功率和输出功率；$P_{k,t}^{\mathrm{RES}}$ 为可再生能源 k 在 t 时刻的输出功率；$P_{k,t}^{\mathrm{AGG,in}}$ 和 $P_{k,t}^{\mathrm{AGG,out}}$ 分别为聚合商 k 在 t 时刻的输入功率和输出功率；$c_{k,n}^{\mathrm{ES,in}}$ 和 $c_{k,n}^{\mathrm{ES,out}}$ 分别为储能装置的输入功率运行成本系数和输出功率运行成本系数；c_k^{RES} 为可再生能源 k 的运行成本系数；$c_{k,n}^{\mathrm{DG}}$ 为分段线性化的分布式电源发电成本系数；$c_k^{\mathrm{AGG,in}}$ 和 $c_k^{\mathrm{AGG,out}}$ 分别为聚合商 k 的输入功率运行成本系数和输出功率运行成本系数；$\gamma_k^{\mathrm{DG,up}}$、$\gamma_k^{\mathrm{DG,down}}$、$\gamma_k^{\mathrm{ES,up}}$、$\gamma_k^{\mathrm{ES,down}}$、$\gamma_k^{\mathrm{AGG,up}}$ 和 $\gamma_k^{\mathrm{AGG,down}}$ 分别为分布式电源 k、储能装置 k 和聚合商 k 的上调单位容量调节成本系数和下调单位容量调节成本系数；$\overline{R}_{k,t}^{\mathrm{DG}}$、$\overline{R}_{k,t}^{\mathrm{ES}}$、$\overline{R}_{k,t}^{\mathrm{AGG}}$ 和 $\underline{R}_{k,t}^{\mathrm{DG}}$、$\underline{R}_{k,t}^{\mathrm{ES}}$、$\underline{R}_{k,t}^{\mathrm{AGG}}$ 分别为分布式电源 k、储能装置 k 和聚合商 k 提供的向上调节空间和向下调节空间。

综上所述，第一层问题的决策变量包括 $X^{1-\mathrm{layer}} = \{\overline{R}_t^{\mathrm{VPP}}, \overline{R}_t^{\mathrm{VPP}}, \underline{R}_t^{\mathrm{VPP}},$ $P_{k,t}^{\mathrm{unit}}, Q_{k,t}^{\mathrm{unit}}, \overline{R}_{k,t}^{\mathrm{unit}}, \underline{R}_{k,t}^{\mathrm{unit}}\}$，其中，$P_{k,t}^{\mathrm{unit}}$ 和 $Q_{k,t}^{\mathrm{unit}}$ 分别为可控设备 k 在 t 时刻的有功输出功率和无功输出功率，$P_{k,t}^{\mathrm{unit}} = \{P_{k,t}^{\mathrm{DG}}, P_{k,t}^{\mathrm{ES,out}} - P_{k,t}^{\mathrm{ES,in}}, P_{k,t}^{\mathrm{RES}},$ $P_{k,t}^{\mathrm{AGG,out}} - P_{k,t}^{\mathrm{AGG,in}}\}$，$Q_{k,t}^{\mathrm{unit}} = \{P_{k,t}^{\mathrm{DG}}\}$；$\overline{R}_{k,t}^{\mathrm{unit}}$ 和 $\underline{R}_{k,t}^{\mathrm{unit}}$ 分别表示可控设备 k 在 t 时刻的上调能力和下调能力，$\overline{R}_{k,t}^{\mathrm{unit}} = \{\overline{R}_{k,t}^{\mathrm{DG}}, \overline{R}_{k,t}^{\mathrm{ES}}, \overline{R}_{k,t}^{\mathrm{AGG}}\}$，$\underline{R}_{k,t}^{\mathrm{unit}} = \{\underline{R}_{k,t}^{\mathrm{DG}},$ $\underline{R}_{k,t}^{\mathrm{ES}}, \underline{R}_{k,t}^{\mathrm{AGG}}\}$。

在虚拟电厂经济调度模型中考虑以下约束条件。

（1）虚拟电厂能量和辅助服务耦合约束：对上级电力市场的能量和辅助服务计划应保持在可接受的范围内。

$$P^{\mathrm{VPP,min}} \leqslant P_t^{\mathrm{VPP}} \leqslant P^{\mathrm{VPP,max}} \tag{3-6}$$

$$\underline{R}_t^{\mathrm{VPP}} \geqslant 0, \quad \overline{R}_t^{\mathrm{VPP}} \geqslant 0 \tag{3-7}$$

$$P^{\text{VPP,min}} \leqslant P_t^{\text{VPP}} - \underline{R}_t^{\text{VPP}} \leqslant P_t^{\text{VPP}} + \bar{R}_t^{\text{VPP}} \leqslant P^{\text{VPP,max}} \tag{3-8}$$

其中，$P^{\text{VPP,max}}$ 和 $P^{\text{VPP,min}}$ 分别为虚拟电厂输出功率的上界和下界。

（2）可控设备的运行约束：在本书的模型中，虚拟电厂可以拥有多种可控设备，如分布式电源、可再生能源、大容量储能装置、聚合商等。

分布式电源组提供的能源及调节服务应受发电机的输出范围的限制：

$$P_{k,n}^{\text{DG,min}} \leqslant P_{k,n,t}^{\text{DG}} \leqslant P_{k,n}^{\text{DG,max}}, \quad P_{k,t}^{\text{DG}} = \sum_{n=1}^{N_k^{\text{DG,seg}}} P_{k,n,t}^{\text{DG}} \tag{3-9}$$

$$P_k^{\text{DG,min}} \leqslant P_{k,t}^{\text{DG}} \leqslant P_k^{\text{DG,max}} \tag{3-10}$$

$$Q_k^{\text{DG,min}} \leqslant Q_{k,t}^{\text{DG}} \leqslant Q_k^{\text{DG,max}} \tag{3-11}$$

$$-\Delta_k^{\text{DG,max}} \leqslant P_{k,t}^{\text{DG}} - P_{k,t-1}^{\text{DG}} \leqslant \Delta_k^{\text{DG,max}} \tag{3-12}$$

$$0 \leqslant \bar{R}_{k,t}^{\text{DG}} \leqslant \min(\bar{R}_k^{\text{DG,fix}}, P_k^{\text{DG,max}} - P_{k,t}^{\text{DG}}) \tag{3-13}$$

$$0 \leqslant \underline{R}_{k,t}^{\text{DG}} \leqslant \min(\bar{R}_k^{\text{DG,fix}}, P_{k,t}^{\text{DG}} - P_k^{\text{DG,min}}) \tag{3-14}$$

其中，$P_{k,n}^{\text{DG,max}}$ 和 $P_{k,n}^{\text{DG,min}}$ 分别为分布式电源 k 第 n 段输出的最大、最小有功功率；$Q_{k,t}^{\text{DG}}$ 为分布式电源 k 在 t 时刻输出的无功功率；$\Delta_k^{\text{DG,max}}$ 为分布式电源 k 的爬坡极限；$P_k^{\text{DG,max}}$ 和 $P_k^{\text{DG,min}}$ 分别为分布式电源 k 输出有功功率的上界和下界；$Q_k^{\text{DG,max}}$ 和 $Q_k^{\text{DG,min}}$ 分别为分布式电源 k 输出无功功率的上界和下界；$\bar{R}_k^{\text{DG,fix}}$ 为分布式电源 k 的最大可接受调节范围。

风电和光伏调度指令应受最大可再生能源发电量预测值的限制：

$$0 \leqslant P_{k,t}^{\text{RES}} \leqslant P_{k,t}^{\text{RES,max}} \tag{3-15}$$

其中，$P_{k,t}^{\text{RES,max}}$ 为可再生能源 k 在 t 时刻的最大可用发电量预测。

考虑到荷电状态的限制，大容量储能装置充放电功率和剩余能量应满足以下约束条件：

$$0 \leqslant P_{k,t}^{\text{ES,in}} \leqslant P_k^{\text{ES,in,max}}, \quad 0 \leqslant P_{k,t}^{\text{ES,out}} \leqslant P_k^{\text{ES,out,max}} \tag{3-16}$$

$$E_{k,t}^{\text{ES}} = \theta_k^{\text{ES}} E_{k,t-1}^{\text{ES}} + \Delta T P_{k,t}^{\text{ES}} \tag{3-17}$$

$$E_k^{\text{ES,min}} \leqslant E_{k,t}^{\text{ES}} \leqslant E_k^{\text{ES,max}} \tag{3-18}$$

$$P_{k,t}^{\text{ES}} = \kappa_k^{\text{in}} P_{k,\tau}^{\text{ES,in}} - \frac{1}{\kappa_k^{\text{out}}} P_{k,\tau}^{\text{ES,out}} \tag{3-19}$$

其中，$P_{k,t}^{\text{ES,in}}$ 和 $P_{k,t}^{\text{ES,out}}$ 分别是储能装置 k 在 t 时刻的输入有功功率和输出有功功率；$E_{k,t}^{\text{ES}}$ 是储能装置 k 在 t 时刻的剩余能量；$P_k^{\text{ES,in,max}}$ 和 $P_k^{\text{ES,out,max}}$ 分别为储能装置 k 的有功输入的上界和有功输出的上界；$E_k^{\text{ES,max}}$ 和 $E_k^{\text{ES,min}}$ 分别是储能装置 k 剩余能量的上界和下界；θ_k^{ES} 为储能装

置 k 的能量耗散率；κ_k^{in} 和 κ_k^{out} 分别为储能装置 k 的输入转换效率和输出转换效率。

由于电力系统运行的随机性，上级市场运营商发出的调节指令在储能装置提供的调节范围内也存在不确定性。特别是频率调节业务，在每个市场运行间隔（1 h 或 15 min）内，频率调节指令是不可预测的，并且在调节范围内随机变化[7,18]。因此，储能装置应保持适宜的能量储备，至少能提供连续 h_R h 的连续辅助服务。对于调频服务，h_R 可以设置为 15 min，对于旋转备用服务，h_R 可以设置为 1 h[1,19]。

$$0 \leqslant \overline{R}_{k,t}^{\text{ES}} \leqslant \min\left\{\overline{R}_k^{\text{ES,fix}}, P_k^{\text{ES,out,max}} - P_{k,t}^{\text{ES,out}}, \frac{1}{h^R \Delta T}(E_k^{\text{ES,max}} - E_{k,t}^{\text{ES}})\right\}$$

(3-20)

$$0 \leqslant \underline{R}_{k,t}^{\text{ES}} \leqslant \min\left\{\overline{R}_k^{\text{ES,fix}}, P_k^{\text{ES,in,max}} - P_{k,t}^{\text{ES,in}}, \frac{1}{h^R \Delta T}(E_{k,t}^{\text{ES}} - E_k^{\text{ES,min}})\right\}$$

(3-21)

其中，$\overline{R}_{k,t}^{\text{ES}}$ 和 $\underline{R}_{k,t}^{\text{ES}}$ 分别为储能装置 k 在 t 时刻提供的向上调节能力和向下调节能力；$\overline{R}_k^{\text{ES,fix}}$ 为储能装置 k 的最大可接受调节范围。

小容量灵活性资源聚合商应满足第 2 章所示的聚合可行区域。需要注意的是，第 2 章介绍的内容中没有区分灵活性资源聚合商提供的向上调节能力和向下调节能力，因此，为了保证灵活性资源聚合商的调节范围被控制在聚合可行区域 $\widetilde{\Omega}_k^{\text{AGG}}$ 内，灵活性资源聚合商的运行约束设置如下：

$$[P_{k,t}^{\text{AGG,in}}, P_{k,t}^{\text{AGG,out}}, \overline{R}_{k,t}^{\text{AGG}}] \in \widetilde{\Omega}_k^{\text{AGG}}$$

(3-22)

$$[P_{k,t}^{\text{AGG,in}}, P_{k,t}^{\text{AGG,out}}, \underline{R}_{k,t}^{\text{AGG}}] \in \widetilde{\Omega}_k^{\text{AGG}}$$

(3-23)

其中，$\widetilde{\Omega}_k^{\text{AGG}}$ 表示聚合商 k 的聚合可行域。

值得注意的是，在所提出的经济调度模型中，通过纳入功率因数约束，我们也可以对灵活性资源聚合商的无功功率进行建模。由于本章的重点是挖掘灵活性资源聚合商的有功功率和辅助服务指令的灵活性，因此，本章没有对灵活性资源聚合商的无功功率进行过度分析。

（3）能量与调节平衡：虚拟电厂中有功功率、无功功率、向上调节能力和向下调节能力的平衡方程如下[20]：

$$\sum_{k=1}^{N^{\text{unit}}} P_{k,t}^{\text{unit}} = P_t^{\text{VPP}} + \sum_{i=1}^{N^{\text{Node}}} P_{i,t}^{\text{L}}$$

(3-24)

$$\sum_{k=1}^{N^{\text{unit}}} Q_{k,t}^{\text{unit}} = Q_t^{\text{VPP}} + \sum_{i=1}^{N^{\text{Node}}} Q_{i,t}^{\text{L}}$$

(3-25)

$$\sum_{k=1}^{N^{\text{unit}}} \bar{R}_{k,t}^{\text{unit}} = \bar{R}_t^{\text{VPP}} \tag{3-26}$$

$$\sum_{k=1}^{N^{\text{unit}}} \underline{R}_{k,t}^{\text{unit}} = \underline{R}_t^{\text{VPP}} \tag{3-27}$$

其中，$P_{i,t}^{\text{L}}$ 和 $Q_{i,t}^{\text{L}}$ 分别为节点 i 在 t 时刻的有功负荷需求和节点无功负荷需求。

（4）潮流和电压安全约束：为便于表述，将式（3-24）～式（3-27）中线性化的潮流模型变换为

$$\begin{bmatrix} \boldsymbol{\theta} \\ \boldsymbol{V} \\ \boldsymbol{P}^{\text{Br}} \\ \boldsymbol{Q}^{\text{Br}} \end{bmatrix} = \begin{bmatrix} \boldsymbol{S}^{\theta} \\ \boldsymbol{S}^{V} \\ \boldsymbol{S}^{P} \\ \boldsymbol{S}^{Q} \end{bmatrix} \begin{bmatrix} \boldsymbol{P}'^{\text{In}} \\ \boldsymbol{Q}'^{\text{In}} \end{bmatrix} + \begin{bmatrix} \boldsymbol{K}^{\theta} \\ \boldsymbol{K}^{V} \\ \boldsymbol{K}^{P} \\ \boldsymbol{K}^{Q} \end{bmatrix} \tag{3-28}$$

其中，$\boldsymbol{\theta}$、$\boldsymbol{V}$、$\boldsymbol{P}^{\text{Br}}$、$\boldsymbol{Q}^{\text{Br}}$ 分别为节点相位、节点电压幅值、支路有功潮流和支路无功潮流的矢量；$\boldsymbol{P}'^{\text{In}}$、$\boldsymbol{Q}'^{\text{In}}$ 分别为从第 2 个节点到第 N^{Node} 个节点注入的节点有功功率矢量和节点无功功率矢量，设节点 1 为已知节点相位和电压幅值的参考节点；$\boldsymbol{S}^{\theta}$、$\boldsymbol{S}^{V}$ 分别是 $N^{\text{Node}} \times (N^{\text{Node}}-1)$ 的变换矩阵；$\boldsymbol{S}^{P}$、$\boldsymbol{S}^{Q}$ 分别是 $N^{\text{Br}} \times (N^{\text{Node}}-1)$ 的变换矩阵；N^{Node} 为虚拟电厂中的节点数；$\boldsymbol{K}^{\theta}$、$\boldsymbol{K}^{V}$ 分别为 $N^{\text{Node}} \times 1$ 的常系数矩阵；$\boldsymbol{K}^{P}$、$\boldsymbol{K}^{Q}$ 分别是 $N^{\text{Br}} \times 1$ 的常系数矩阵；N^{Br} 为虚拟电厂中的支路个数。这些矩阵的详细推导过程如下。

线性化后的系统潮流方程表示为

$$\begin{bmatrix} \boldsymbol{P}^{\text{In}} \\ \boldsymbol{Q}^{\text{In}} \end{bmatrix} = \begin{bmatrix} \boldsymbol{B}_2 & \boldsymbol{B}_1 \\ -\boldsymbol{B}_1 & \boldsymbol{B}_2 \end{bmatrix} \begin{bmatrix} \boldsymbol{\theta} \\ \boldsymbol{V} \end{bmatrix}, \quad \begin{bmatrix} \boldsymbol{P}^{\text{Br}} \\ \boldsymbol{Q}^{\text{Br}} \end{bmatrix} = \begin{bmatrix} \boldsymbol{H}_2 & \boldsymbol{H}_1 \\ -\boldsymbol{H}_1 & \boldsymbol{H}_2 \end{bmatrix} \begin{bmatrix} \boldsymbol{\theta} \\ \boldsymbol{V} \end{bmatrix} \tag{3-29}$$

$$\boldsymbol{B}_1(i,j) = -\frac{r_{ij}}{r_{ij}^2 + x_{ij}^2}, \quad i \neq j, \quad \boldsymbol{B}_1(i,i) = \sum_{j=1, j \neq i}^{N^{\text{Bus}}} \frac{r_{ij}}{r_{ij}^2 + x_{ij}^2},$$

$$\boldsymbol{B}_2(i,j) = -\frac{x_{ij}}{r_{ij}^2 + x_{ij}^2}, \quad i \neq j, \quad \boldsymbol{B}_2(i,i) = \sum_{j=1, j \neq i}^{N^{\text{Bus}}} \frac{x_{ij}}{r_{ij}^2 + x_{ij}^2},$$

$$\boldsymbol{H}_1(l_{i \to j}, i) = -\boldsymbol{B}_1(i,j), \quad \boldsymbol{H}_1(l_{i \to j}, j) = \boldsymbol{B}_1(i,j),$$

$$\boldsymbol{H}_2(l_{i \to j}, i) = -\boldsymbol{B}_2(i,j), \quad \boldsymbol{H}_2(l_{i \to j}, j) = \boldsymbol{B}_2(i,j)$$

其中，$\boldsymbol{P}^{\text{In}}$、$\boldsymbol{Q}^{\text{In}}$ 分别为有功、无功节点功率注入矢量；$\boldsymbol{P}^{\text{Br}}$、$\boldsymbol{Q}^{\text{Br}}$ 分别为有功支路潮流矢量与无功支路潮流矢量；$\boldsymbol{B}_1$、$\boldsymbol{B}_2$ 分别为 $N^{\text{Node}} \times N^{\text{Node}}$ 的系数矩阵；$\boldsymbol{H}_1$、$\boldsymbol{H}_2$ 分别为 $N^{\text{Br}} \times N^{\text{Node}}$ 的系数矩阵；r_{ij} 和 x_{ij} 分别为节点 i 至

节点 j 配电线路的电阻和电抗；$l_{i \to j}$ 表示节点 i 和节点 j 所连接的分支。

式(3-29)可变换如下：

$$\begin{bmatrix} \boldsymbol{\theta}' \\ \boldsymbol{V}' \end{bmatrix} = (\boldsymbol{B}^E)^{-1} \begin{bmatrix} \boldsymbol{P}'^{\text{In}} \\ \boldsymbol{Q}'^{\text{In}} \end{bmatrix} - (\boldsymbol{B}^E)^{-1} \begin{bmatrix} \boldsymbol{B}_2^c \\ -\boldsymbol{B}_1^c \end{bmatrix} \theta_1 - (\boldsymbol{B}^E)^{-1} \begin{bmatrix} \boldsymbol{B}_1^c \\ \boldsymbol{B}_2^c \end{bmatrix} V_1 \quad (3-30)$$

其中，$\boldsymbol{\theta}'$ 和 $\boldsymbol{V}'$ 分别为节点 2 到 N^{Node} 的节点相位和电压幅值；$\boldsymbol{B}^E = [\boldsymbol{B}_2'$ $\boldsymbol{B}_1'; -\boldsymbol{B}_1'\quad \boldsymbol{B}_2']$；$\boldsymbol{B}_1'$ 和 $\boldsymbol{B}_2'$ 是 $\boldsymbol{B}_1$ 和 $\boldsymbol{B}_2$ 的 $(N^{\text{Node}}-1) \times (N^{\text{Node}}-1)$ 子矩阵，不包括第一列和第一行；$\boldsymbol{B}_1^c$ 和 $\boldsymbol{B}_2^c$ 是由 $\boldsymbol{B}_1$ 和 $\boldsymbol{B}_2$ 第 1 列中的第 2 个元素到第 N^{Node} 个元素组成的向量。

$\boldsymbol{\theta}$、$\boldsymbol{V}$、$\boldsymbol{P}'^{\text{In}}$ 和 $\boldsymbol{Q}'^{\text{In}}$ 之间的关系如下：

$$\begin{bmatrix} \boldsymbol{\theta} \\ \boldsymbol{V} \end{bmatrix} = \begin{bmatrix} \boldsymbol{S}^\theta \\ \boldsymbol{S}^V \end{bmatrix} \begin{bmatrix} \boldsymbol{P}'^{\text{In}} \\ \boldsymbol{Q}'^{\text{In}} \end{bmatrix} + \begin{bmatrix} \boldsymbol{K}^\theta \\ \boldsymbol{K}^V \end{bmatrix} \quad (3-31)$$

其中，$\boldsymbol{S}^\theta = [\boldsymbol{0}\quad \boldsymbol{S}'^\theta]$；$\boldsymbol{S}^V = [\boldsymbol{0}\quad \boldsymbol{S}'^V]$；$\boldsymbol{K}^\theta = [\theta_1\quad \boldsymbol{K}'^\theta]$；$\boldsymbol{K}^V = [\boldsymbol{V}_1\quad \boldsymbol{K}'^V]$；$\theta_1$ 和 V_1 分别为第一个节点的节点相位和电压幅值；$\boldsymbol{S}'^\theta$、$\boldsymbol{S}'^V$、$\boldsymbol{K}'^\theta$ 和 $\boldsymbol{K}'^V$ 分别是经过变换和抽取后获得的系数矩阵。

$$\boldsymbol{K}' = -(\boldsymbol{B}^E)^{-1} \begin{bmatrix} \boldsymbol{B}_2^c \\ -\boldsymbol{B}_1^c \end{bmatrix} \theta_1 - (\boldsymbol{B}^E)^{-1} \begin{bmatrix} \boldsymbol{B}_1^c \\ \boldsymbol{B}_2^c \end{bmatrix} V_1$$

将式(3-31)代入式(3-29)可得式(3-28)。$\boldsymbol{S}^P$、$\boldsymbol{S}^Q$、$\boldsymbol{K}^P$、$\boldsymbol{K}^Q$ 分别表示如下：

$$\boldsymbol{S}^P = \boldsymbol{H}_2 \boldsymbol{S}^\theta + \boldsymbol{H}_1 \boldsymbol{S}^V, \quad \boldsymbol{S}^Q = -\boldsymbol{H}_1 \boldsymbol{S}^\theta + \boldsymbol{H}_2 \boldsymbol{S}^V,$$

$$\boldsymbol{K}^P = \boldsymbol{H}_2 \boldsymbol{K}^\theta + \boldsymbol{H}_1 \boldsymbol{K}^V, \quad \boldsymbol{K}^Q = -\boldsymbol{H}_1 \boldsymbol{K}^\theta + \boldsymbol{H}_2 \boldsymbol{K}^V$$

对于每个支路 l 和节点 i，支路潮流功率和节点电压幅值应被控制在安全范围内：

$$P_l^{\text{Br,min}} \leqslant P_{l,t}^{\text{Br}} \leqslant P_l^{\text{Br,max}} \quad (3-32)$$

$$Q_l^{\text{Br,min}} \leqslant Q_{l,t}^{\text{Br}} \leqslant Q_l^{\text{Br,max}} \quad (3-33)$$

$$V^{\text{min}} \leqslant V_{i,t} \leqslant V^{\text{max}} \quad (3-34)$$

其中，$P_l^{\text{Br,max}}$ 和 $P_l^{\text{Br,min}}$ 分别为线路 l 支路最大有功潮流限制值和最小有功潮流限制值；$Q_l^{\text{Br,max}}$ 和 $Q_l^{\text{Br,min}}$ 分别为线路 l 的最大支路无功潮流限制值和最小支路无功潮流限制值；V^{max} 和 V^{min} 分别为节点 i 的节点电压限制最大值和最小值。

由于虚拟电厂向上级电网提供调节服务，系统的总支路潮流和总节点电压等于能量市场功率调度计划值加上辅助服务调节指令引起的偏差值，具体如下：

$$P_{l,t}^{\mathrm{Br}} = \widetilde{P}_{l,t}^{\mathrm{Br}} + \Delta P_{l,t}^{\mathrm{Br}} \tag{3-35}$$

$$Q_{l,t}^{\mathrm{Br}} = \widetilde{Q}_{l,t}^{\mathrm{Br}} + \Delta Q_{l,t}^{\mathrm{Br}} \tag{3-36}$$

$$V_{i,t} = \widetilde{V}_{i,t} + \Delta V_{i,t} \tag{3-37}$$

$$\widetilde{P}_{l,t}^{\mathrm{Br}} = \boldsymbol{S}_l^P \left(\boldsymbol{I}_{P,Q}^{\mathrm{unit}} \begin{bmatrix} \boldsymbol{P}_t^{\mathrm{unit}} \\ \boldsymbol{Q}_t^{\mathrm{unit}} \end{bmatrix} - \boldsymbol{I}^{\mathrm{L}} \begin{bmatrix} \boldsymbol{P}_t^{\mathrm{L}} \\ \boldsymbol{Q}_t^{\mathrm{L}} \end{bmatrix} \right) + \boldsymbol{K}^P , \quad \Delta P_{l,t}^{\mathrm{Br}} = \boldsymbol{S}_l^P \boldsymbol{I}_R^{\mathrm{unit}} \boldsymbol{R}_t^{\mathrm{unit}} \tag{3-38}$$

$$\widetilde{Q}_{l,t}^{\mathrm{Br}} = \boldsymbol{S}_l^Q \left(\boldsymbol{I}_{P,Q}^{\mathrm{unit}} \begin{bmatrix} \boldsymbol{P}_t^{\mathrm{unit}} \\ \boldsymbol{Q}_t^{\mathrm{unit}} \end{bmatrix} - \boldsymbol{I}^{\mathrm{L}} \begin{bmatrix} \boldsymbol{P}_t^{\mathrm{L}} \\ \boldsymbol{Q}_t^{\mathrm{L}} \end{bmatrix} \right) + \boldsymbol{K}^Q , \quad \Delta Q_{l,t}^{\mathrm{Br}} = \boldsymbol{S}_l^Q \boldsymbol{I}_R^{\mathrm{unit}} \boldsymbol{R}_t^{\mathrm{unit}} \tag{3-39}$$

$$\widetilde{V}_{i,t} = \boldsymbol{S}_i^V \left(\boldsymbol{I}_{P,Q}^{\mathrm{unit}} \begin{bmatrix} \boldsymbol{P}_t^{\mathrm{unit}} \\ \boldsymbol{Q}_t^{\mathrm{unit}} \end{bmatrix} - \boldsymbol{I}^{\mathrm{L}} \begin{bmatrix} \boldsymbol{P}_t^{\mathrm{L}} \\ \boldsymbol{Q}_t^{\mathrm{L}} \end{bmatrix} \right) + \boldsymbol{K}^V , \quad \Delta V_{i,t} = \boldsymbol{S}_i^V \boldsymbol{I}_R^{\mathrm{unit}} \boldsymbol{R}_t^{\mathrm{unit}} \tag{3-40}$$

其中，$P_{l,t}^{\mathrm{Br}}$、$Q_{l,t}^{\mathrm{Br}}$ 和 $V_{i,t}$ 分别为支路总有功潮流、支路总无功潮流和总节点电压幅值；$\widetilde{P}_{l,t}^{\mathrm{Br}}$、$\widetilde{Q}_{l,t}^{\mathrm{Br}}$ 和 $\widetilde{V}_{i,t}$ 分别为能量市场功率调度计下的有功潮流、支路无功潮流和节点电压；$\Delta P_{l,t}^{\mathrm{Br}}$、$\Delta Q_{l,t}^{\mathrm{Br}}$ 和 $\Delta V_{i,t}$ 分别为调节指令下支路有功潮流、支路无功潮流和节点电压偏差；S_l^P、S_l^Q 分别是 $\boldsymbol{S}^P$、$\boldsymbol{S}^Q$ 的第 l 行；S_i^V 是 $\boldsymbol{S}^V$ 的第 i 行；$\boldsymbol{I}_{P,Q}^{\mathrm{unit}}$、$\boldsymbol{I}^{\mathrm{L}}$ 和 $\boldsymbol{I}_R^{\mathrm{unit}}$ 分别是 $N^{\mathrm{Node}} \times 2N^{\mathrm{FR}}$、$N^{\mathrm{Node}} \times 2N^{\mathrm{Node}}$ 和 $N^{\mathrm{Node}} \times N^{\mathrm{FR}}$ 的设备到节点关联矩阵。若设备 j 与节点 i 直接相连，则 $\boldsymbol{I}(i,j)=1$；否则 $\boldsymbol{I}(i,j)=0$。P_t^{unit}、Q_t^{unit} 和 R_t^{unit} 分别表示实际实施中虚拟电厂管理者对各可控设备的有功功率指令、无功功率指令和调节指令。

3.3.2　第二层：恶劣辅助服务场景估计

　　经虚拟电厂代理商提交调节服务范围后，市场经营者可委托虚拟电厂提供调节服务。由于电力系统运行的随机性，上级市场发出的调节指令在虚拟电厂调节竞价范围内也存在不确定性。因此，第二层的目的是保证最坏调节场景下支路有功潮流、支路无功潮流和节点电压的安全。根据式(3-38)～式(3-40)，对于每个 t 时刻，估计危害支路潮流和节点电压安全的最恶劣场景目标函数 $\varPhi_n^{2-\mathrm{layer}}$ 定义如下：

$$\max_{X^{2-\mathrm{layer}}} \Delta P_{l,t}^{\mathrm{Br}} = S_l^P \boldsymbol{I}_R^{\mathrm{unit}} \boldsymbol{R}_t^{\mathrm{unit}} , \qquad \min_{X^{2-\mathrm{layer}}} \Delta P_{l,t}^{\mathrm{Br}} = S_l^P \boldsymbol{I}_R^{\mathrm{unit}} \boldsymbol{R}_t^{\mathrm{unit}} \qquad (3\text{-}41)$$

$$\max_{X^{2-\mathrm{layer}}} \Delta Q_{l,t}^{\mathrm{Br}} = S_l^Q \boldsymbol{I}_R^{\mathrm{unit}} \boldsymbol{R}_t^{\mathrm{unit}} , \qquad \min_{X^{2-\mathrm{layer}}} \Delta Q_{l,t}^{\mathrm{Br}} = S_l^Q \boldsymbol{I}_R^{\mathrm{unit}} \boldsymbol{R}_t^{\mathrm{unit}} \qquad (3\text{-}42)$$

$$\max_{X^{2-\mathrm{layer}}} \Delta V_{i,t} = S_i^V \boldsymbol{I}_R^{\mathrm{unit}} \boldsymbol{R}_t^{\mathrm{unit}} , \qquad \min_{X^{2-\mathrm{layer}}} \Delta V_{i,t} = S_i^V \boldsymbol{I}_R^{\mathrm{unit}} \boldsymbol{R}_t^{\mathrm{unit}} \qquad (3\text{-}43)$$

结合式(3-32)、式(3-35)、式(3-38)、式(3-41),我们可将第 l 个支路的最大有功潮流和最小有功潮流控制在期望范围内。同样,根据式(3-33)、式(3-36)、式(3-39)、式(3-42)和式(3-34)、式(3-37)、式(3-40)、式(3-43),我们也可以将第 l 支路的无功潮流和第 i 节点的电压幅值维持在期望范围内。因此,为保证所有分支和节点的安全,式(3-41)～式(3-43)共构建了 $(4N^{\mathrm{Br}} + 2N^{\mathrm{Node}})T$ 个优化问题,且第二层各优化问题的目标函数和决策变量之间相互独立、互不影响。

上级市场运营商发出频率调节指令(R_t^{VPP})的时间间隔为 $4 \sim 6$ s[18],远小于市场出清的时间间隔(1 h 或 15 min)。因此,在每个调度时间间隔内,频率调节指令会在虚拟电厂代理商提供的调节范围内频繁随机变化。为保证各工况下节点电压和支路潮流式(3-38)～式(3-40)在安全范围内,本书采用盒式不确定性集对不确定调节指令建模如下:

$$U_R = \{ R_t^{\mathrm{VPP}} : -\underline{R}_t^{\mathrm{VPP}} \leqslant R_t^{\mathrm{VPP}} \leqslant \bar{R}_t^{\mathrm{VPP}} \} \qquad (3\text{-}44)$$

与传统的盒式不确定集不同,该不确定集的边界范围 $[-\underline{R}_t^{\mathrm{VPP}}, \bar{R}_t^{\mathrm{VPP}}]$ 是第一层优化问题的决策变量,即在整个优化问题获得结果之前,该参数是未知且无法获取的。第二层问题的决策变量为: $X^{2-\mathrm{layer}} = \{ R_t^{\mathrm{VPP}}, R_t^{\mathrm{unit}} \}$。根据第三层中虚拟电厂调节服务指令的分解方法,本章对市场运营者发出的不确定性调节指令(R_t^{VPP})和灵活性资源的调节指令(R_t^{unit})之间的关系进行了表述。

3.3.3　第三层:调节服务分解方法

在实际操作中,虚拟电厂代理商需要遵循市场运营者发出的调节指令,并将调节指令分解到各可控设备。第三层模型将虚拟电厂内部辅助服务调节指令的分解方法进行建模。本节以两种比较典型的调节服务指令分解方法为例进行介绍。

1. 方案 1:基于可调容量的调节指令分解方法

在这种情况下,上级电力系统运营商发出的调节指令根据不同可控设备提供的可调容量进行分解。可控设备 $k(R_{k,t}^{unit})$ 的调节指令与市场运营商发出的调节指令 (R_t^{VPP}) 之间的关系表示如下：

$$R_{k,t}^{unit} = R_t^{VPP} \xi_{k,t}^{unit} \tag{3-45}$$

其中，$\xi_{k,t}^{unit}$ 为可控设备 k 的参与因子，由不同灵活性资源提供的可调容量决定；$\sum_{k=1}^{N^{unit}} \xi_{k,t}^{unit} = 1$；若 $R_t^{VPP} \geqslant 0$，那么 $\xi_{k,t}^{unit} = \bar{R}_{k,t}^{unit} / \bar{R}_t^{VPP}$；否则 $\xi_{k,t}^{unit} = \underline{R}_{k,t}^{unit} / \underline{R}_t^{VPP}$。

2. 方案 2：基于优先级的调节指令分解方法

在这种情况下，上级电力系统运营商发出的调节指令根据预先设定的优先级进行指令分解。本方案采用调节成本较低或调节性能较好的可控设备优先提供辅助服务。在本场景中，第三层问题的目标函数 $\Phi^{3-layer}$ 表示为

$$\min_{X^{3-layer}} \sum_{k=1}^{N^{unit}} (c_k^{unit} \mid R_{k,t}^{unit} \mid) \tag{3-46}$$

其中，c_k^{unit} 表示可控设备 k 的调用优先级，为一组预先设定的参数；$R_{k,t}^{unit}$ 为对可控设备 k 的辅助服务调节指令。

三层问题的决策变量为：$X^{3-layer} = \{R_{k,t}^{unit}\}$。为便于后续表述，本方案将优先级参数 c_k^{unit} 设置为随下标 k 单调递增，即为提供调节服务优先级较高的可控设备分配较小的下标 k。

对可控设备的功率调节要求应满足以下要求，以维持系统功率平衡：

$$\sum_{k=1}^{N^{unit}} R_{k,t}^{unit} = R_t^{VPP} \tag{3-47}$$

$$-\underline{R}_{k,t}^{unit} \leqslant R_{k,t}^{unit} \leqslant \bar{R}_{k,t}^{unit} \tag{3-48}$$

综上所述，前述三层优化模型的汇总形式如下：

$$
\begin{aligned}
&\max \quad \Phi^{1-layer}(X^{1-layer}) \\
&\text{s.t.} \quad Ax \leqslant b \\
&\left.
\begin{cases}
\min \quad \Phi_n^{2-layer}(X^{2-layer}, X^{3-layer}) \\
\text{s.t.} \quad EX^{2-layer} \leqslant FX^{1-layer} \\
X^{3-layer} \in
\begin{cases}
\min \quad \Phi^{3-layer}(X^{3-layer}) \\
\text{s.t.} \quad GX^{3-layer} \leqslant HX^{2-layer}
\end{cases}
\end{cases}
\right\} + C_n x \leqslant d_n,
\end{aligned}
$$

$$n = 1, 2, \cdots, N^{2-\text{layer}} \tag{3-49}$$

其中，A、b、E、F、G、H、C_n 和 d_n 为三层模型中约束式(3-6)～式(3-37)、式(3-41)、式(3-44)、式(3-45)决定的系数矩阵。

3.4　模型处理与重构

本节将 3.3 节提出的虚拟电厂经济调度模型转化为具有刚性数学证明的可处理、等价的单级优化问题。该模型通过进行处理和重构可以有效求解，满足虚拟电厂多时间尺度调度的计算效率要求。

3.4.1　方案 1 的等效单层优化问题

根据不同可控设备提供的调节能力，方案 1 对上级电力系统运营商发出的调节指令进行分解。所提虚拟电厂经济调度模型实质上是一个双层优化问题。由于 R_t^{unit} 是由 R_t^{VPP} 根据式(3-45)决定的，所以在本方案中，第二层问题和第三层问题的决策变量只包括 R_t^{VPP}。因此，该方案中原来的三层问题重新表述为以下两层优化问题：

$$\text{Objective (3-1)} \tag{3-50}$$

$$\text{Subject to}：(3\text{-}6) \sim (3\text{-}28) \tag{3-51}$$

$$\begin{cases} \widetilde{P}_{l,t}^{\text{Br}} + \max\limits_{R_t^{\text{VPP}} \in [-\underline{R}_t^{\text{VPP}}, \bar{R}_t^{\text{VPP}}]} \Delta P_{l,t}^{\text{Br}} \leqslant P_l^{\text{Br,max}} \\ \widetilde{P}_{l,t}^{\text{Br}} + \min\limits_{R_t^{\text{VPP}} \in [-\underline{R}_t^{\text{VPP}}, \bar{R}_t^{\text{VPP}}]} \Delta P_{l,t}^{\text{Br}} \geqslant P_l^{\text{Br,min}} \end{cases} \tag{3-52}$$

$$\begin{cases} \widetilde{Q}_{l,t}^{\text{Br}} + \max\limits_{R_t^{\text{VPP}} \in [-\underline{R}_t^{\text{VPP}}, \bar{R}_t^{\text{VPP}}]} \Delta Q_{l,t}^{\text{Br}} \leqslant Q_l^{\text{Br,max}} \\ \widetilde{P}_{l,t}^{\text{Br}} + \min\limits_{R_t^{\text{VPP}} \in [-\underline{R}_t^{\text{VPP}}, \bar{R}_t^{\text{VPP}}]} \Delta P_{l,t}^{\text{Br}} \geqslant Q_l^{\text{Br,min}} \end{cases} \tag{3-53}$$

$$\begin{cases} \widetilde{V}_{i,t} + \max\limits_{R_t^{\text{VPP}} \in [-\underline{R}_t^{\text{VPP}}, \bar{R}_t^{\text{VPP}}]} \Delta V_{i,t} \leqslant V^{\text{max}} \\ \widetilde{V}_{i,t} + \min\limits_{R_t^{\text{VPP}} \in [-\underline{R}_t^{\text{VPP}}, \bar{R}_t^{\text{VPP}}]} \Delta V_{i,t} \geqslant V^{\text{min}} \end{cases} \tag{3-54}$$

命题 2

式(3-50)～式(3-54)所列双层优化问题等价于以下单级线性规划问题：

$$\text{Objective(3-1)}$$

s. t. : (3-6) ～ (3-28)

$$
\begin{cases}
P_l^{\mathrm{Br,min}} \leqslant \widetilde{P}_{l,t}^{\mathrm{Br}} + \boldsymbol{S}_l^P \boldsymbol{I}_R^{\mathrm{unit}} \overline{\boldsymbol{R}}_t^{\mathrm{unit}} \leqslant P_l^{\mathrm{Br,max}} \\
P_l^{\mathrm{Br,min}} \leqslant \widetilde{P}_{l,t}^{\mathrm{Br}} - \boldsymbol{S}_l^P \boldsymbol{I}_R^{\mathrm{unit}} \underline{\boldsymbol{R}}_t^{\mathrm{unit}} \leqslant P_l^{\mathrm{Br,max}} \\
Q_l^{\mathrm{Br,min}} \leqslant \widetilde{Q}_{l,t}^{\mathrm{Br}} + \boldsymbol{S}_l^Q \boldsymbol{I}_R^{\mathrm{unit}} \overline{\boldsymbol{R}}_t^{\mathrm{unit}} \leqslant Q_l^{\mathrm{Br,max}} \\
Q_l^{\mathrm{Br,min}} \leqslant \widetilde{Q}_{l,t}^{\mathrm{Br}} - \boldsymbol{S}_l^Q \boldsymbol{I}_R^{\mathrm{unit}} \underline{\boldsymbol{R}}_t^{\mathrm{unit}} \leqslant Q_l^{\mathrm{Br,max}} \\
V^{\min} \leqslant \widetilde{V}_{i,t} + \boldsymbol{S}_i^V \boldsymbol{I}_R^{\mathrm{unit}} \overline{\boldsymbol{R}}_t^{\mathrm{unit}} \leqslant V^{\max} \\
V^{\min} \leqslant \widetilde{V}_{i,t} - \boldsymbol{S}_i^V \boldsymbol{I}_R^{\mathrm{unit}} \underline{\boldsymbol{R}}_t^{\mathrm{unit}} \leqslant V^{\max}
\end{cases}
\tag{3-55}
$$

命题 2 证明如下：

以式(3-41)中具有目标的低层问题对应的约束式(3-49)为例推导。

将式(3-41)代入约束式(3-52)，可得

$$
\widetilde{P}_{l,t}^{\mathrm{Br}} + \max_{-\underline{R}_t^{\mathrm{VPP}} \leqslant R_t^{\mathrm{VPP}} \leqslant \bar{R}_t^{\mathrm{VPP}}} \boldsymbol{S}_l^P \boldsymbol{I}_R^{\mathrm{unit}} \boldsymbol{\xi}^{\mathrm{unit}} R_t^{\mathrm{VPP}} \leqslant P_l^{\mathrm{Br,max}}
\tag{3-56}
$$

$$
\widetilde{P}_{l,t}^{\mathrm{Br}} + \min_{-\underline{R}_t^{\mathrm{VPP}} \leqslant R_t^{\mathrm{VPP}} \leqslant \bar{R}_t^{\mathrm{VPP}}} \boldsymbol{S}_l^P \boldsymbol{I}_R^{\mathrm{unit}} \boldsymbol{\xi}^{\mathrm{unit}} R_t^{\mathrm{VPP}} \geqslant P_l^{\mathrm{Br,min}}
\tag{3-57}
$$

其中，$\boldsymbol{\xi}^{\mathrm{unit}} = \left[\xi_{k,t}^{\mathrm{unit}}\right]_{N^{\mathrm{unit}} \times 1}$ 是不同灵活性资源的参与因子向量，满足 $\boldsymbol{R}_t^{\mathrm{unit}} = \boldsymbol{\xi}^{\mathrm{unit}} R_t^{\mathrm{VPP}}$；

$\displaystyle\max_{-\underline{R}_t^{\mathrm{VPP}} \leqslant R_t^{\mathrm{VPP}} \leqslant \bar{R}_t^{\mathrm{VPP}}} \boldsymbol{S}_l^P \boldsymbol{I}_R^{\mathrm{unit}} \boldsymbol{\xi}^{\mathrm{unit}} R_t^{\mathrm{VPP}}$ 和 $\displaystyle\min_{-\underline{R}_t^{\mathrm{VPP}} \leqslant R_t^{\mathrm{VPP}} \leqslant \bar{R}_t^{\mathrm{VPP}}} \boldsymbol{S}_l^P \boldsymbol{I}_R^{\mathrm{unit}} \boldsymbol{\xi}^{\mathrm{unit}} R_t^{\mathrm{VPP}}$ 可以被表达为

$$
\max_{-\underline{R}_t^{\mathrm{VPP}} \leqslant R_t^{\mathrm{VPP}} \leqslant \bar{R}_t^{\mathrm{VPP}}} \boldsymbol{S}_l^P \boldsymbol{I}_R^{\mathrm{unit}} \boldsymbol{\xi}^{\mathrm{unit}} R_t^{\mathrm{VPP}} = \max(\boldsymbol{S}_l^P \boldsymbol{I}_R^{\mathrm{unit}} \boldsymbol{\xi}^{\mathrm{unit}}, 0) \bar{R}_t^{\mathrm{VPP}} +
$$
$$
\min(\boldsymbol{S}_l^P \boldsymbol{I}_R^{\mathrm{unit}} \boldsymbol{\xi}^{unit}, 0)(-\underline{R}_t^{\mathrm{VPP}})
$$

$$
\min_{-\underline{R}_t^{\mathrm{VPP}} \leqslant R_t^{\mathrm{VPP}} \leqslant \bar{R}_t^{\mathrm{VPP}}} \boldsymbol{S}_l^P \boldsymbol{I}_R^{\mathrm{unit}} \boldsymbol{\xi}^{\mathrm{unit}} R_t^{\mathrm{VPP}} = \min(\boldsymbol{S}_l^P \boldsymbol{I}_R^{\mathrm{unit}} \boldsymbol{\xi}^{\mathrm{unit}}, 0) \bar{R}_t^{\mathrm{VPP}} +
$$
$$
\max(\boldsymbol{S}_l^P \boldsymbol{I}_R^{\mathrm{unit}} \boldsymbol{\xi}^{\mathrm{unit}}, 0)(-\underline{R}_t^{\mathrm{VPP}})
$$

因此，与式(3-41)对应的下层问题的约束条件式(3-52)重新表述为

$$
\begin{cases}
P_l^{\mathrm{Br,min}} \leqslant \widetilde{P}_{l,t}^{\mathrm{Br}} + \boldsymbol{S}_l^P \boldsymbol{I}_R^{\mathrm{unit}} \overline{\boldsymbol{R}}_t^{\mathrm{unit}} \leqslant P_l^{\mathrm{Br,max}} \\
P_l^{\mathrm{Br,min}} \leqslant \widetilde{P}_{l,t}^{\mathrm{Br}} - \boldsymbol{S}_l^P \boldsymbol{I}_R^{\mathrm{unit}} \underline{\boldsymbol{R}}_t^{\mathrm{unit}} \leqslant P_l^{\mathrm{Br,max}}
\end{cases}
\tag{3-58}
$$

其中，$\overline{\boldsymbol{R}}_t^{\mathrm{unit}} = \left[\bar{R}_{k,t}^{\mathrm{unit}}\right]_{N^{\mathrm{unit}} \times 1}$，$\underline{\boldsymbol{R}}_t^{\mathrm{unit}} = \left[\underline{R}_{k,t}^{\mathrm{unit}}\right]_{N^{\mathrm{unit}} \times 1}$。

类似地，与式(3-42)和式(3-43)中的目标相对应的约束式(3-53)和式(3-54)重新表述如下：

$$\begin{cases} Q_l^{\mathrm{Br,min}} \leqslant \widetilde{Q}_{l,t}^{\mathrm{Br}} + S_l^Q I_R^{\mathrm{unit}} \overline{R}_t^{\mathrm{unit}} \leqslant Q_l^{\mathrm{Br,max}} \\ Q_l^{\mathrm{Br,min}} \leqslant \widetilde{Q}_{l,t}^{\mathrm{Br}} - S_l^Q I_R^{\mathrm{unit}} \underline{R}_t^{\mathrm{unit}} \leqslant Q_l^{\mathrm{Br,max}} \end{cases} \tag{3-59}$$

$$\begin{cases} V^{\min} \leqslant \widetilde{V}_{i,t} + S_i^V I_R^{\mathrm{unit}} \overline{R}_t^{\mathrm{unit}} \leqslant V^{\max} \\ V^{\min} \leqslant \widetilde{V}_{i,t} - S_i^V I_R^{\mathrm{unit}} \underline{R}_t^{\mathrm{unit}} \leqslant V^{\max} \end{cases} \tag{3-60}$$

由式(3-58)~式(3-60)取代式(3-52)~式(3-54)，可得命题 2。

3.4.2　方案 2 的等效单层优化问题

在方案 2 中，上级电力系统运营商发出的调节指令按预定优先级分解为可控设备，提出的虚拟电厂经济调度模型是一个三层优化问题。就笔者所知，目前还没有能够解决一般性三层优化问题的有效方法。因此，考虑到问题的具体特征，本节使用一些特殊的数学技巧，并结合模型特征将所提出的三层模型转换为等效且易于处理的单层优化问题。

1. 将三层优化模型转化为等价的双层优化模型

通过替换目标函数中的绝对值项，可以将第三层问题转化为等效的线性规划问题，引入附加变量单位 $z_{k,t}^{\mathrm{unit}}$，方案 2 中的第三层优化问题可以重新组织如下：

$$\min_{X^{3-\mathrm{layer}} = \{R_{k,t}^{\mathrm{unit}}, Z_{k,t}^{\mathrm{unit}}\}} \sum_{k=1}^{N^{\mathrm{unit}}} (c_k^{\mathrm{unit}} z_{k,t}^{\mathrm{unit}})$$

$$\mathrm{s.t.} \quad z_{k,t}^{\mathrm{unit}} \geqslant R_{k,t}^{\mathrm{unit}}, \quad z_{k,t}^{\mathrm{unit}} \geqslant -R_{k,t}^{\mathrm{unit}} \tag{3-61}$$

$$\sum_{k=1}^{N^{\mathrm{unit}}} R_{k,t}^{\mathrm{unit}} = R_t^{\mathrm{VPP}}, \quad -\underline{R}_{k,t}^{\mathrm{unit}} \leqslant R_{k,t}^{\mathrm{unit}} \leqslant \overline{R}_{k,t}^{\mathrm{unit}}$$

基于 KKT 最优性，第三层优化问题可以使用一系列等式和不等式方程组合替换：

$$\nabla L_{z_{k,t}^{\mathrm{unit}}} = c_k^{\mathrm{unit}} - v_k^+ - v_k^- = 0 \tag{3-62}$$

$$\nabla L_{R_{k,t}^{\mathrm{unit}}} = \lambda + u_k^+ - u_k^- + v_k^+ - v_k^- = 0 \tag{3-63}$$

$$u_k^+, u_k^-, v_k^+, v_k^- \geqslant 0 \tag{3-64}$$

$$\sum_{k=1}^{N^{\mathrm{unit}}} R_{k,t}^{\mathrm{unit}} - R_t^{\mathrm{VPP}} = 0 \tag{3-65}$$

$$\overline{R}_{k,t}^{\text{unit}} - R_{k,t}^{\text{unit}} \geqslant 0, \quad R_{k,t}^{\text{unit}} + \underline{R}_{k,t}^{\text{unit}} \geqslant 0 \tag{3-66}$$

$$z_{k,t}^{\text{unit}} - R_{k,t}^{\text{unit}} \geqslant 0, \quad z_{k,t}^{\text{unit}} + R_{k,t}^{\text{unit}} \geqslant 0 \tag{3-67}$$

$$u_k^+ (\overline{R}_{k,t}^{\text{unit}} - R_{k,t}^{\text{unit}}) = 0, \quad u_k^- (R_{k,t}^{\text{unit}} + \underline{R}_{k,t}^{\text{unit}}) = 0 \tag{3-68}$$

$$v_k^+ (z_{k,t}^{\text{unit}} - R_{k,t}^{\text{unit}}) = 0, \quad v_k^- (z_{k,t}^{\text{unit}} + R_{k,t}^{\text{unit}}) = 0 \tag{3-69}$$

其中，λ、u_k^+、u_k^-、v_k^+、v_k^- 为拉格朗日乘子。

式(3-68)和式(3-69)中的双线性约束可以用 Fortuny-Amat 变换替换为等价的线性表达式[22]。对于每一个双线性方程 $\mu f(x) = 0$（$\mu \geqslant 0$，$f(x) \geqslant 0$），可得式(3-70)：

$$0 \leqslant \mu \leqslant M\delta, \quad \delta \in \{0,1\}, \quad 0 \leqslant f(x) \leqslant M(1-\delta) \tag{3-70}$$

其中，δ 表示新引入的二元变量；M 是一个足够大的常数，在文献[21]中可以找到一些选择合适 M 值的准则。

到此，方案 2 的第三层问题被重新表述为式(3-62)～式(3-67)和式(3-70)，用上述公式替换第三层优化模型，原问题可以被重新整理为典型的双层优化模型，具体如下：

Upper-level：Objective (3-1) $\tag{3-71}$

s. t.：(3-6)～(3-28) $\tag{3-72}$

$$\widetilde{P}_{l,t}^{\text{Br}} + \max\Delta P_{l,t}^{\text{Br}} \leqslant P_l^{\text{Br,max}}, \quad \widetilde{P}_{l,t}^{\text{Br}} + \min\Delta P_{l,t}^{\text{Br}} \geqslant P_l^{\text{Br,min}} \tag{3-73}$$

$$\widetilde{Q}_{l,t}^{\text{Br}} + \max\Delta Q_{l,t}^{\text{Br}} \leqslant Q_l^{\text{Br,max}}, \quad \widetilde{P}_{l,t}^{\text{Br}} + \min\Delta P_{l,t}^{\text{Br}} \geqslant Q_l^{\text{Br,min}} \tag{3-74}$$

$$\widetilde{V}_{i,t} + \max\Delta V_{i,t} \leqslant V^{\max}, \quad \widetilde{V}_{i,t} + \min\Delta V_{i,t} \geqslant V^{\min} \tag{3-75}$$

Lower-level：Objective (3-41) ～ (3-43) $\tag{3-76}$

s. t.：(3-44),(3-62)～(3-67),(3-70) $\tag{3-77}$

2. 等效单层模型的获取

通过推导式(3-71)～式(3-77)中所列双层模型中下层优化问题的潜在最优解集，本节将双层模型转换成等效单层混合整数规划模型，详见命题 3。

命题 3：式(3-76)～式(3-77)所列下层问题决策变量 R_t^{VPP} 最优解的潜在解集 Ω_R^* 如下：

$$R_t^{\text{VPP}} \in \Omega_R^* = \bigcup_{N'=1}^{N^{\text{unit}}} \Omega_{N',+}^* \cup \bigcup_{N'=1}^{N^{\text{unit}}} \Omega_{N',-}^* \tag{3-78}$$

$$\Omega_{N',+}^* = \Big\{ \sum_{k=0}^{N'} \overline{R}_{k,t}^{\text{unit}} \Big\}, \quad \Omega_{N',-}^* = \Big\{ -\sum_{k=0}^{N'} \underline{R}_{k,t}^{\text{unit}} \Big\} \tag{3-79}$$

其中，$\bar{R}_{0,t}^{\text{unit}}$ 和 $\underline{R}_{0,t}^{\text{unit}}$ 定义为 0。

命题 3 证明如下。

我们以推导目标函数为式(3-41)的下层优化问题的最优解潜在解集为例，对命题 3 进行证明。对于具有目标式(3-42)和式(3-43)的下层优化问题，其推导过程是完全相同的。可行域 Ω_R 可划分为以下 $2N^{\text{unit}}$ 个区间：

$$\Omega_R = [-\underline{R}_t^{\text{VPP}}, \bar{R}_t^{\text{VPP}}] = \bigcup_{N'=1}^{N^{\text{unit}}} \Omega_{N',+} \cup \bigcup_{N'=1}^{N^{\text{unit}}} \Omega_{N',-} \tag{3-80}$$

其中，$\Omega_{N',+} = \Big[\sum_{k=0}^{N'-1} \bar{R}_{k,t}^{\text{unit}}, \sum_{k=0}^{N'} \bar{R}_{k,t}^{\text{unit}}\Big]$，$\Omega_{N',-} = \Big[-\sum_{k=0}^{N'} \underline{R}_{k,t}^{\text{unit}}, -\sum_{k=0}^{N'-1} \underline{R}_{k,t}^{\text{unit}}\Big]$。

对于可行区域的每一区间，根据灵活性资源的调节优先级，我们可以通过计算第三层问题得到对各可控设备的调节指令。这里以 $\Omega_{N',+}$ 为例：

$$R_{k,t}^{\text{unit}} = \bar{R}_{k,t}^{\text{unit}}, \quad k = 1, 2, \cdots, N'-1 \tag{3-81}$$

$$R_{k,t}^{\text{unit}} = R_t^{\text{VPP}} - \sum_{k=1}^{N'-1} \bar{R}_{k,t}^{\text{unit}}, \quad k = N' \tag{3-82}$$

$$R_{k,t}^{\text{unit}} = 0, \quad k = N'+1, N'+2, \cdots, N^{\text{unit}} \tag{3-83}$$

因此，$\forall R_t^{\text{VPP}} \in \Omega_{N',+}$，目标函数为式(3-41)的下层问题可以重新表述如下：

$$\max_{R_t^{\text{VPP}} \in \Omega_{N',+}} \Delta P_{l,t}^{\text{Br}} = \theta_{N',+} R_t^{\text{VPP}} + \varphi_{N',+} \tag{3-84}$$

$$\min_{R_t^{\text{VPP}} \in \Omega_{N',+}} \Delta P_{l,t}^{\text{Br}} = \theta_{N',+} R_t^{\text{VPP}} + \varphi_{N',+} \tag{3-85}$$

其中，$\theta_{N',+}$ 和 $\varphi_{N',+}$ 是固定参数，表达如下：

$$\theta_{N',+} = \sum_{i=1}^{N^{\text{Node}}-1} \big[\boldsymbol{S}_l^P(i)(\boldsymbol{I}^{\text{FR}}(i, N')) \big] \tag{3-86}$$

$$\varphi_{N',+} = \sum_{i=1}^{N^{\text{Node}}-1} \Big[\boldsymbol{S}_l^P(i)\Big(\sum_{k=1}^{N'-1}(\boldsymbol{I}^{\text{unit}}(i,k)\bar{R}_{k,t}^{\text{unit}}) - \boldsymbol{I}^{\text{unit}}(i,N')\sum_{k=1}^{N'-1}\bar{R}_{k,t}^{\text{unit}}\Big) \Big] \tag{3-87}$$

式(3-84)和式(3-85)中线性规划问题的最优解可以通过计算可行域 $\Omega_{N',+}$ 的边界点 R_t^{VPP} 得到，具体如下：

$$\arg\max_{R_t^{\text{VPP}}} \Delta P_{n,t}^{\text{Br}}, \quad \arg\min_{R_t^{\text{VPP}}} \Delta P_{n,t}^{\text{Br}} \in \Omega_{N',+} = \Big\{ \sum_{k=0}^{N'-1} \bar{R}_{k,t}^{\text{unit}}, \sum_{k=0}^{N'} \bar{R}_{k,t}^{\text{unit}} \Big\} \tag{3-88}$$

根据 $\forall R_t^{\mathrm{VPP}} \in \Omega_R$，目标函数为式（3-41）的下层问题最优目标值计算如下：

$$\max_{R_t^{\mathrm{VPP}} \in \Omega_R} \Delta P_{l,t}^{\mathrm{Br}} = \max_{N'=1}^{N^{\mathrm{unit}}} \left\{ \max_{R_t^{\mathrm{VPP}} \in \Omega_{N',+}} \Delta P_{l,t}^{\mathrm{Br}}, \max_{R_t^{\mathrm{VPP}} \in \Omega_{N',-}} \Delta P_{l,t}^{\mathrm{Br}} \right\} \tag{3-89}$$

$$\min_{R_t^{\mathrm{VPP}} \in \Omega_R} \Delta P_{l,t}^{\mathrm{Br}} = \min_{N'=1}^{N^{\mathrm{unit}}} \left\{ \min_{R_t^{\mathrm{VPP}} \in \Omega_{N',+}} \Delta P_{l,t}^{\mathrm{Br}}, \min_{R_t^{\mathrm{VPP}} \in \Omega_{N',-}} \Delta P_{l,t}^{\mathrm{Br}} \right\} \tag{3-90}$$

因此，式（3-76）~式（3-77）中下层问题的决策变量 R_t^{VPP} 的最优解属于以下潜在解集：

$$\arg\max_{R_t^{\mathrm{VPP}} \in \Omega_R} \Delta P_{l,t}^{\mathrm{Br}}, \quad \arg\min_{R_t^{\mathrm{VPP}} \in \Omega_R} \Delta P_{l,t}^{\mathrm{Br}} \in \bigcup_{N'=1}^{N^{\mathrm{unit}}} \left\{ \sum_{k=0}^{N'} \bar{R}_{k,t}^{\mathrm{unit}} \right\} \cup \bigcup_{N'=1}^{N^{\mathrm{unit}}} \left\{ - \sum_{k=0}^{N'} \underline{R}_{k,t}^{\mathrm{unit}} \right\} \tag{3-91}$$

根据命题 3，下层问题决策变量 R_t^{VPP} 的最优解总是属于潜在的解集，即式（3-78），通过将潜在解集代入不等式约束式（3.73）~式（3-75）中，式（3-71）~式（3-77）中的双层问题可以被转换为等价的单层混合整数规划问题，如式（3-92）所示。最终获得的等效单层优化问题可以采用 Cplex 等商业软件调用分支定界法直接求解[22]，与启发式算法[23-24]相比，可以避免产生巨额计算负担。

$$\begin{aligned} &\mathrm{Objective}(3\text{-}1) \\ &\mathrm{s.\,t.\,:}\ (3\text{-}6) \sim (3\text{-}28) \\ &(3\text{-}32) \sim (3\text{-}40)\ \forall R_t^{\mathrm{VPP}} \in \Omega_R^* \ \mathrm{in}(3\text{-}78) \\ &(3\text{-}44), (3\text{-}62) \sim (3\text{-}67), (3\text{-}70) \end{aligned} \tag{3-92}$$

3.5　虚拟电厂的日内经济调度

在前文日前经济调度模型的基础上，本节提出了一种滚动经济调度策略，将所提出的经济调度模型扩展到日内运行阶段。为了避免重复，本节仅介绍日前调度和日内调度的主要区别。

1. 日内滚动调度模型

在日内运行过程中，虚拟电厂代理商需要制订内部资源的调度计划，以及与上级市场的交易计划的滚动调度指令，并向所有可控设备更新调度方案。对于特定时间段 T_0，应定期更新以下信息：①根据最新预测值，对市场价格、可再生能源发电量和负荷需求进行更新；②通过对实际环境的测量和观察，更新大容量可控设备的当前剩余能量和有功功率状态；③灵活性资源聚合商的参数根据最新采集值和预测值重新计算。因此，灵活性资源聚合模型在日内运行过程中是时变的，因为聚类结果和聚合商的参数在不同的时间段会发生变化。

虚拟电厂代理商通过求解滚动随机优化问题来实现日内运行方案的制订，相比于日前模型，在日内运行模型中应考虑市场出清功率与虚拟电厂实际功率之间的偏差惩罚。日内运行的目标函数如下：

$$\max_{X^{1-\text{layer}}} \Psi = \Delta T \sum_{t=T_0}^{T} \Big[(\pi_t^{\text{EM}} P_t^{\text{VPP}} + \pi_t^{\text{RM,up}} \overline{R}_t^{\text{VPP}} + \pi_t^{\text{RM,down}} \underline{R}_t^{\text{VPP}}) -$$

$$\sum_{k=1}^{N^{\text{unit}}} (C_k^{\text{unit}}) - Pnl_t^{\text{EM}} \mid \hat{P}_t^{\text{VPP}} - P_t^{\text{VPP}} \mid - Pnl_t^{\text{RM,up}} \mid \hat{\overline{R}}_t^{\text{VPP}} - \overline{R}_t^{\text{VPP}} \mid -$$

$$Pnl_t^{\text{RM,down}} \mid \hat{\underline{R}}_t^{\text{VPP}} - \underline{R}_t^{\text{VPP}} \mid \Big] \tag{3-93}$$

其中，$\hat{P}_t^{\text{VPP}}$、$\hat{\overline{R}}_t^{\text{VPP}}$ 和 $\hat{\underline{R}}_t^{\text{VPP}}$ 分别为电力市场有功出清量、上调容量和下调容量；Pnl_t^{EM}、$Pnl_t^{\text{RM,up}}$ 和 $Pnl_t^{\text{RM,down}}$ 分别为有功功率、上调容量、下调容量偏差的惩罚系数。π_t^{EM}、$\pi_t^{\text{RM,up}}$ 和 $\pi_t^{\text{RM,down}}$ 应根据当前($t=T_0$)实时市场的最新出清价格和未来时刻($t>T_0$)的最新预测值滚动更新。

注意，为了充分利用预测信息，提高系统的经济性能，虚拟电厂代理商应在每个调度区间内进行多步滚动水平优化。另外，虽然所提模型可以得到多时段的决策变量，但只需要将当前的调度命令发送到各可控设备执行即可。

2. 关于市场电价和可再生能源不确定性的讨论

以上方法解决了上层电力系统运营商辅助服务调节指令的不确定性问题。然而，对于实际系统，还有许多其他类型的随机因素，如市场电价、可再生能源等。值得注意的是，通过使用基于场景法的随机优化策略，我们可以很容易地将市场价格和可再生能源的不确定性纳入所提出的模型中。更确切地说，由于优化问题式(3-55)和式(3-92)在不同场景下是解耦的，因此可以通过最大化虚拟电厂的期望利润 $\omega_s \Psi_s$，以概率 ω_s 为每个场景求解这些优化问题，然后对不同场景下的结果进行加权平均，从而得到最终的经济调度方案，最后根据这些不确定因素的预测曲线和分布，采用蒙特卡罗抽样方法生成场景[25]。此外，我们也可以采用一些场景缩减方法减少场景数量并获得虚拟电厂的代表性场景,避免由于场景数量过多而在优化过程中产生过度的计算负担[26]。

3.6　案例分析

本节将通过案例分析验证所提方法的有效性和优越性。3.6.1 节讨论了两种调节方案的对比效果。3.6.2 节和 3.6.3 节给出了本章所提策略的经济调度结果及其优势分析。所有仿真实验在一台具有 3.4 GHz Intel CORE i5-7500 CPU 和 8 GB RAM 的计算机上,使用 IBM Cplex 求解器进行。本案例采用一个 35 节点区域性的含分布式能源接入的配电系统来测试所提方法的有效性,系统的网络拓扑和连接关系如图 3-3 所示。在本案例分析中,调节服务具体指频率调节辅助服务。批发能量市场价格和频率调节辅助服务市场价格源于 2020 年 5 月 6 日 PJM 市场发布的实际出清数据。可再生能源发电预测曲线和负荷需求曲线源于实际数据。可再生能源发电曲线、系统负荷需求曲线和市场价格曲线如图 3-4 和图 3-5 所示。为了说明该方法的应用效果,本节根据实际系统的真实数据测量,对电阻和电抗参数进行了缩放,这有助于在测试系统中分配更多的分布式能源和小容量灵活性资源。分布式发电机和储能设备的参数分别见表 3-1 和表 3-2。节点 5 处分配了 100 个可控热负荷,采用蒙特卡罗抽样方法生成各可控热负荷的相关参数。

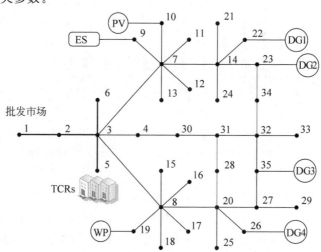

图 3-3　虚拟电厂的网络拓扑和连接关系

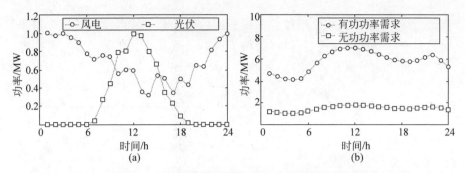

图 3-4　系统可再生能源发电和总负荷需求曲线

（a）风电和光伏发电预测曲线；（b）系统总体有功功率需求和无功功率需求

表 3-1　　分布式发电机的参数

设备	发电成本系数 $c_{k,n}^{\mathrm{DG}}$					最大输出功率/ MW	最小输出功率/ MW	调频容量成本系数/ （美元/ （MW·h））	最大调节能力/ MW
	$c_{k,1}^{\mathrm{DG}}$	$c_{k,2}^{\mathrm{DG}}$	$c_{k,3}^{\mathrm{DG}}$	$c_{k,4}^{\mathrm{DG}}$	$c_{k,5}^{\mathrm{DG}}$				
DG1	11.06	13.43	15.80	18.96	25.28	1.5	0.5	10.5	0.25
DG2	14.42	17.51	20.60	24.72	32.96	2.0	1.0	7.6	0.50
DG3	18.34	22.27	26.2	31.44	41.92	2.0	1.0	8.9	0.50
DG4	12.74	15.47	18.2	21.84	29.12	2.0	1.0	20.2	0.50

表 3-2　　储能设备的参数

项　　目	参数值	项　　目	参数值
初始能量	2.00 MW·h	最大输入输出功率	1.00 MW
最大调节能力	0.25 MW	能量耗散率	0.95
额定容量	2.50 MW·h	输入/输出转换率	0.95

3.6.1　两种辅助服务指令分解调节场景比较

不同辅助服务调节指令分解方法下的优化结果如表 3-3 所示。各可控设备的调节优先级设置如下（由高到低）：♯ES、♯DG2、♯DG3、♯DG1、♯AGG、♯DG4。表 3-3 中可控设备的平均参与率等于可控设备提供调节服务的总时长除以可控设备的总工作时长。为了获得可控设备的平均参与率，本节采用蒙特卡罗抽样方法随机生成 1000 个场景，模拟上级市场运营商随机发出的随机调节指令。

在场景 1 中，可控设备根据各自的调节能力提供范围，同时共享上级的调节指令,可用于追求公平性且需要更快的计算时间的系统。场景 2 需要计算一个额外的优化模型,以促进调节成本较低或调节性能较好的可控设备优先提供调节服务。仿真结果表明,两种方案的营业利润相当。

表 3-3　两种调节方案计算结果的比较

项　　目	场景 1	场景 2
总计算时间/s	7.61	313.30
可控单位的平均参与率/%	35.94	19.48
总营业利润/美元	3092.3	3091.8

与场景 1 相比,场景 2 中可控设备的平均参与率较低,因为只调用部分优先级较高的可控设备提供调节服务。因此,场景 2 可以避免频繁调节设备来增加可控设备的使用寿命[1]。然而,场景 2 对应的数学模型比场景 1 更复杂,因为引入了额外的决策变量和约束,降低了计算效率。因此,本章提出的两种优化模型分别对应不同的调节场景,各有优势,在实际应用中可根据具体应用需求进行选择。接下来的实验在场景 2 中进行仿真模拟,进一步分析所提经济调度模型的计算结果、有效性和优势。

3.6.2　策略的经济调度效果分析

上级批发市场的能量和频率调节能力竞价曲线如图 3-5 所示。内部可控设备调度方案如图 3-6 所示。计算结果表明,采用该策略的虚拟电厂可以像传统发电机一样为上级电力系统提供能量和调节服务。两者的主要区别在于,虚拟电厂代理商提供的能量和调节范围是时变的,因为虚拟电厂是作为商业盈利型机构设置的,其投标数量受到批发能源价格和辅助服务调频市场价格的综合影响。例如,当调节服务市场价格较高时($t = 2:00$,7:00,14:00,22:00),虚拟电厂代理商更倾向调用内部可控设备的发电出力。

由于可再生能源发电机组的清洁生产和低碳发电特征,可再生能源机组被用于参与能量市场竞标,如图 3-6(a)和(b)所示。此外,虚拟电厂代理商根据不同分布式发电设备的运行成本,确定分布式发电设备提供的服务类别。例如,虚拟电厂代理商倾向主要使用生产成本较低的发电机(DG1 和 DG4)参与能量市场。相比之下,具有低调节成本发电机的设备(DG2 和 DG3)在辅助服务市场中提供了更多的调节能力,如图 3-6(c)~(f)所示。储能装置可以通过调整充放电功率实现峰值负荷转移,从而提高系统经济

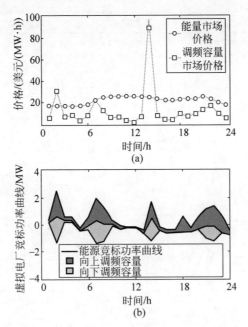

图 3-5　批发市场价格和虚拟电厂竞价曲线

（a）能量市场（EM）和调频容量市场（RM）价格；（b）虚拟电厂对上级电力市场的能量和调频能力竞标功率曲线

性能，如图 3-6(g)和(h)所示。此外，储能装置提供的调频容量服务受输出功率和剩余荷电状态的影响，如式(3-20)、式(3-21)所示。

　　通过将灵活性聚合和解聚合过程纳入所提出的经济调度模型，小容量灵活性资源可以更方便地参与虚拟电厂优化。图 3-7(a)给出了可控热负荷聚合商的聚合调度命令，根据本书提出的解聚合方法，可以将聚合调度指令分解为各个单独的可控热负荷管理者。图 3-7(b)～(d)分别给出了单个可控热负荷的室内温度、耗电量和调频容量提供曲线。

　　图 3-7(b)和(c)的仿真结果表明，可控热负荷是提前加热的，并且可以在能量市场价格高峰期到达之前提高室内温度(2:00—6:00)，在能源价格达到高峰时段(7:00—14:00)后，可降低可控热负荷的用电量，从而降低购电成本。通过合理的调节，各个可控热负荷的室内温度都能严格维持在舒适范围内(20～24℃)。此外，小容量可控热负荷愿意在调节容量价格高峰期($t=2:00,7:00,14:00$)提供调节服务，如图 3-7(d)所示。因此，本节提出的方法可以释放众多小容量灵活性资源提供的灵活性，进一步提高整个虚拟电厂系统的运营效益，从而满足不同参与者的调控需求。

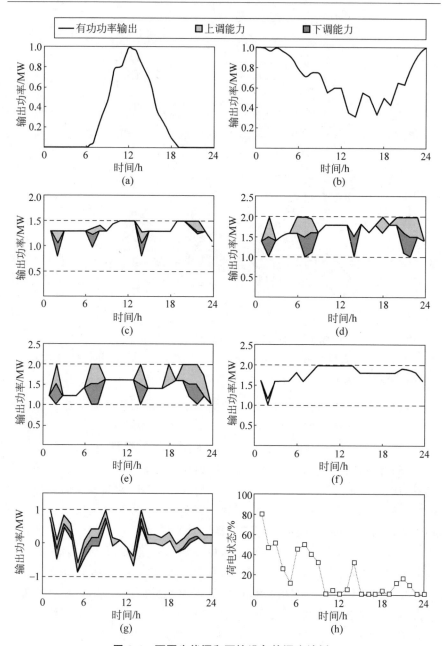

图 3-6　可再生能源和可控设备的调度计划

（a）光伏发电调度计划；（b）风力发电调度计划；（c）分布式电源 1 的调度计划；（d）分布式电源 2 的调度计划；（e）分布式电源 3 的调度计划；（f）分布式电源 4 的调度计划；（g）储能设备的调度计划；（h）储能设备的荷电状态

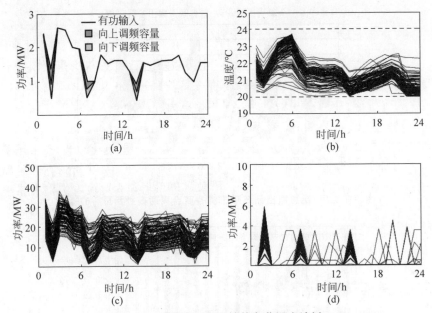

图 3-7　聚合商和各可控热负荷调度计划

（a）可控热负荷聚合器调度计划；（b）可控热负荷的室内温度；（c）可控热负荷的功耗；（d）可控热负荷的调频容量

　　为模拟虚拟电厂日内运行情况，本节在原始日前数据基础上引入 5% 的高斯噪声，对各时段的市场价格、最大可再生能源发电量、可控热负荷的环境温度、负荷需求等预测参数进行更新。虚拟电厂中可控设备的日内优化结果与日前优化结果的对比如图 3-8 所示。尽管存在预测误差和参数更新，但日前曲线和日内曲线的整体变化趋势一致，说明了日前调度计划的指导意义和日内调度计划滚动更新的必要性。

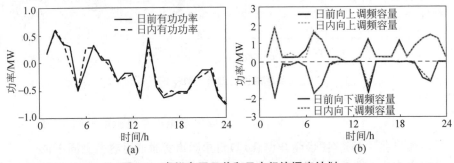

图 3-8　虚拟电厂日前和日内经济调度计划

（a）与电力市场进行日前有功功率和日内有功功率交换；（b）向电力市场提供日前调频容量和日内调频容量

3.6.3 所提方法的有效性和优越性

为了验证所提策略的有效性,保证电力系统的安全性,本节采用蒙特卡罗抽样方法随机生成 1000 个场景,模拟实际实施过程中市场运营商发出的随机调节指令。图 3-3 中的支路容量根据电力线路的重要程度被设置为不同值,图中紫色线、黑色线、蓝色输电线路的容量分别对应 7.5 MW、3 MW、1.5 MW。配电网的电压安全范围设为 0.95~1.05 p.u.,在上述条件下,不同调节场景下的节点电压幅值及支路潮流如图 3-9 所示。电压和潮流需要严格地维持在允许范围内,说明所提出的策略可以有效提升系统的运行安全性。

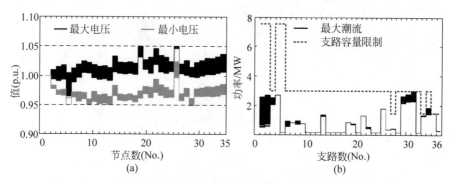

图 3-9　不同场景下的节点电压和支路潮流
(a) 不同场景下的最大/最小节点电压统计;(b) 不同场景下的支路最大有功潮流统计

为了进一步证明该模型的优越性,本节将该模型与当前文献中其他 4 种常用模型进行了比较。注意,总体营业利润等于第一层问题的目标加上对固定负荷的供能收益。过电压和支路潮流过载是评价虚拟电厂系统安全性的主要指标。将关联模型得到的解分别代入线性潮流[20]或交流潮流(使用 Matpower 7.0[26])中,我们可以计算过电压和支路潮流过载的场景比例。本节分别从经济性(总体营业利润)、效率(计算时间)和安全性(潮流和电压过载次数)3 个方面对 5 种模型进行比较。5 种模型的特点及结果比较如表 3-4 和表 3-5 所示。

模型 I:仅考虑能量市场竞标[27,3]。

模型 II:不考虑网络拓扑,将所有可控设备设置到同一节点[1,4-6]。

模型 III:考虑网络拓扑,但忽略能量和调频服务对支路潮流和节点电压的影响[8]。

模型Ⅳ：仅考虑两种极限情况（调节容量全调用和调节容量不调用）下潮流和电压安全约束[9]。

模型Ⅴ：本章提出的经济调度模型。

根据表 3-4 和表 3-5 的计算结果，我们可以得出以下结论。

（1）与模型Ⅰ相比，模型Ⅴ使虚拟电厂代理商能够同时参与能量市场和辅助服务调频市场，提高了虚拟电厂的综合运营利润。

（2）模型Ⅱ和模型Ⅲ虽然可以获得较高的效益，但由于支路潮流或节点电压的越限比例较高，因此系统安全运行风险较大。

（3）模型Ⅳ只考虑当辅助服务调频功率等于虚拟电厂竞价范围的上界或下界时的系统安全性[9]。在这种情况下，由于调节指令实际上可以是虚拟电厂调节竞价范围内的随机任意值，因此系统仍然存在支路潮流越限的风险。相比之下，所提模型Ⅴ可以更好地消除潮流和电压的越限现象，经济性能与模型Ⅳ相当，在实际实施中可以增强系统的安全性。因此，所提模型（模型Ⅴ）在阻塞频发的系统中具有较高的应用价值。

（4）与其他模型（模型Ⅰ～模型Ⅳ）相比，本章所提模型增加了一些额外的决策变量和约束，以量化调频辅助服务对支路潮流和节点电压的影响。额外的复杂性虽然增加了模型的计算时间，但这种额外的计算复杂性却明显提高了系统经济性和潮流安全性。由于本章主要研究的是经济调度问题，与计算效率相比，系统的经济性和安全性更为重要。此外，采用本章提出的模型，整个问题仍然可以在 313.30 s 内解决，这远远小于经济调度的时间间隔（15 min 或 1 h）[28]。因此，本书提出的模型能够有效地实现虚拟电厂的日前经济运行和日内经济运行。

表 3-4　5 种模型计算结果的比较

模　　型	Ⅰ	Ⅱ	Ⅲ	Ⅳ	Ⅴ
向能量市场报价	√	√	√	√	√
向辅助服务调频容量服务市场报价	×	√	√	√	√
考虑网络拓扑	√	×	√	√	√
考虑调节服务对潮流/电压的影响	×	×	×	√	√
总计算时间/s	7.13	6.29	7.42	7.61	313.30
复杂求解时间/s	0.046	0.039	0.048	0.086	163.19
总调节范围/MW	0.00	39.08	40.47	24.98	24.99
总营业利润/美元	2669.1	3340.4	3334.6	3092.3	3091.8

表 3-5 5 种模型的过电压和潮流越限情况比较

模　型		I	II	III	IV	V
支路潮流越限比例/%	线性功率潮流[20]	0.00	0.79	0.48	0.18	0.00
	交流功率潮流	0.95	0.81	0.59	0.64	0.29
节点电压越限比例/%	线性功率潮流[20]	0.00	5.91	1.98	0.00	0.00
	交流功率潮流	0.69	9.42	4.11	1.90	0.35

3.7　本章小结

本章利用三层优化模型,提出了一种考虑辅助服务调频指令随机性和潮流安全约束的虚拟电厂经济调度模型,所提出的三层次模型可转化为等效且易处理的单层优化问题,能够满足虚拟电厂多时间尺度经济调度的计算效率要求。与现有文献中其他常用的模型相比,本章所提模型考虑了不确定性辅助服务调节指令对系统支路潮流和节点电压的影响。数值仿真结果验证了所提策略在促进虚拟电厂安全经济运行方面具有显著优势。

参 考 文 献

[1] HE G,CHEN Q,KANG C,et al. Optimal bidding strategy of battery storage in power markets considering performance-based regulation and battery cycle life[J]. IEEE Transactions on Smart Grid,2016,7(5): 2359-2367.

[2] VAHEDIPOUR-DAHRAIE M, RASHIDIZADEH-KERMANI H, ANVARI-MOGHADDAM A,et al. Flexible stochastic scheduling of microgrids with islanding operations complemented by optimal offering strategies[J]. CSEE Journal of Power and Energy Systems,2020,6(4): 867-877.

[3] KAZEMPOUR S J,CONEJO A J,RUIZ C. Strategic bidding for a large consumer [J]. IEEE Transactions on Power Systems,2015,30(2): 848-856.

[4] ZHANG T,CHEN S X,GOOI H B,et al. A hierarchical EMS for aggregated BESSs in energy and performance-based regulation markets[J]. IEEE Transactions on Power Systems,2017,32(3): 1751-1760.

[5] HE G,CHEN Q,KANG C,et al. Cooperation of wind power and battery storage to provide frequency regulation in power markets[J]. IEEE Transactions on Power Systems,2017,32(5): 3559-3568.

[6] BAHRAMARA S,YAZDANI-DAMAVANDI M,CONTRERAS J,et al. Modeling the strategic behavior of a distribution company in wholesale energy and reserve

markets[J]. IEEE Transactions on Smart Grid,2018,9(4): 3857-3870.

[7] BARINGO A,BARINGO L,ARROYO J M. Day-ahead self-scheduling of a virtual power plant in energy and reserve electricity markets under uncertainty[J]. IEEE Transactions on Power Systems,2019,34(3): 1881-1894.

[8] MASHHOUR E, MOGHADDAS-TAFRESHI S M. Bidding strategy of virtual power plant for participating in energy and spinning reserve markets—Part I: problem formulation[J]. IEEE Transactions on Power Systems, 2011, 26 (2): 949-956.

[9] NEZAMABADI H,SETAYESH NAZAR M. Arbitrage strategy of virtual power plants in energy,spinning reserve and reactive power markets[J]. IET Generation Transmission & Distribution,2016,10(3): 750-763.

[10] ZHANG G,ELA E,WANG Q. Market scheduling and pricing for primary and secondary frequency reserve[J]. IEEE Transactions on Power Systems, 2019, 34(4): 2914-2924.

[11] YU S,FANG F,LIU Y,et al. Uncertainties of virtual power plant: Problems and countermeasures[J]. Applied Energy,2019,239(1): 454-470.

[12] ELGAMAL A H,KOCHER-OBERLEHNER G,ROBU V,et al. Optimization of a multiple-scale renewable energy-based virtual power plant in the UK[J]. Applied Energy,2019,256(15): 113973.

[13] KORAKI D,STRUNZ K. Wind and solar power integration in electricity markets and distribution networks through service-centric virtual power plants[J]. IEEE Transactions on Power Systems,2018,33(1): 473-485.

[14] ZHAO H,WANG B,PAN Z,et al. Aggregating additional flexibility from quick-start devices for multi-energy virtual power plants[J]. IEEE Transactions on Sustainable Energy,2021,12(1): 646-658.

[15] TAN Z,ZHONG H,XIA Q, et al. Estimating the robust P-Q capability of a technical virtual power plant under uncertainties[J]. IEEE Transactions on Power Systems,2020,35(6): 4285-4296.

[16] DU Y,LI F. A hierarchical real-time balancing market considering multi-microgrids with distributed sustainable resources[J]. IEEE Transactions on Sustainable Energy,2020,11(1): 72-83.

[17] D. T. NGUYEN,H. T. NGUYEN,L. B. Le. Dynamic pricing design for demand response integration in power distribution networks[J]. IEEE Transactions on Power Systems,2016,31(5): 3457-3472.

[18] SADEGHI-MOBARAKEH A, MOHSENIAN-RAD H. Optimal bidding in performance-based regulation markets: An MPEC analysis with system dynamics [J]. IEEE Transactions on Power Systems,2016,32(2): 1282-1292.

[19] MASIELLO R D,ROBERTS B,SLOAN T. Business models for deploying and

operating energy storage and risk mitigation aspects[J]. Proceedings of the IEEE, 2014,102(7): 1052-1064.

[20] YUAN H,LI F,WEI Y,et al. Novel linearized power flow and linearized OPF models for active distribution networks with application in distribution LMP[J]. IEEE Transactions on Smart Grid,2018,9(1): 438-448.

[21] LONG T,BIE Z,JIANG L,et al. Coordinated dispatch of integrated electricity-natural gas system and the freight railway network[J]. CSEE Journal of Power and Energy Systems,2020,6(4): 782-792.

[22] BROOKE A,KENDRICK D,MEERAUS A,et al. GAMS/CPLEX 12. 0. User Notes[M]. Washington,DC,USA: GAMS Development Corporation,2014.

[23] SHIVAIE M,KIANI-MOGHADDAM M,WEINSIER P D. Resilience-based tri-level framework for simultaneous transmission and substation expansion planning considering extreme weather-related events[J]. IET Generation,Transmission & Distribution,2020,14(16): 3310-3321.

[24] HAN J,ZHANG G,HU Y,et al. Solving tri-level programming problems using a particle swarm optimization algorithm [C]//2015 IEEE 10th Conference on Industrial Electronics and Applications (ICIEA). Auckland: IEEE, 2015: 569-574.

[25] NIKNAM T,ZARE M, AGHAEI J. Scenario-based multiobjective volt/var control in distribution networks including renewable energy sources[J]. IEEE Transactions on Power Delivery,2012,27(4): 2004-2019.

[26] ZIMMERMAN R D,MURILLO-SANCHEZ C E. MATPOWER User's Manual [EB/OL]. (2020-10-08) [2021-10-09]. https://matpower. org/docs/MATPOWER-manual. pdf.

[27] AYóN X,GRUBER J K,HAYES B P,et al. An optimal day-ahead load scheduling approach based on the flexibility of aggregate demands[J]. Applied Energy,2017,198: 1-11.

[28] PJM. Manual 11: Energy & ancillary services market operations [EB/OL]. (2021-09-01)[2021-10-09]. https://www. pjm. com/-/media/documents/manuals/m11. ashx.

第4章 灵活性资源虚拟电厂多元市场产品协同定价策略

4.1 本章引言

为完善电力市场运营机制,挖掘不同类别灵活性资源的各自优势,本章提出了一种灵活性资源介入的虚拟电厂侧市场出清方法。本章首先对灵活性资源参与虚拟电厂侧市场的商业运营模式和组织方法进行探讨,进而提出了一种考虑多种电力市场产品耦合关系的虚拟电厂侧市场联合出清模型,并推导了相应定价方法,所涉及的电力市场产品包括有功功率、无功功率、旋转备用、调频容量和调频里程。本章所提方法对促进虚拟电厂技术发展和灵活性资源参与虚拟电厂长效运营具有一定的积极意义。

4.2 灵活性资源聚合商介入的虚拟电厂商业运营模式和组织方法

为方便读者了解本章所提方法的应用背景和相关物理假设,本节对灵活性资源聚合商介入的虚拟电厂商业运营模式和市场组织执行方法进行介绍。

4.2.1 灵活性资源聚合商介入的市场商业运营模式

整体来说,灵活性资源聚合商介入的虚拟电厂的商业模式架构如图 4-1 所示,主要涉及以下四类运营主体和三级交互层面。

四类运营主体分别是上级输电侧省网或区域网批发市场运营商、虚拟电厂运营商、灵活性资源聚合商和底层灵活资源设备管理者。

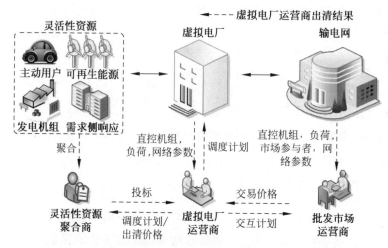

图 4-1　灵活性资源聚合商介入的虚拟电厂市场商业模式架构

四类运营主体可被划分在不同的交互层面。第一级交互层面是灵活性资源聚合商和底层设备管理者的信息交互和管理控制层,第二级交互层面是虚拟电厂运营商和灵活性资源聚合商的投标报价和市场交易层,第三级交互层面是虚拟电厂运营商与上级输电侧批发市场运营商的产品交互。

灵活性资源聚合商参与虚拟电厂交易的商业运营模式从流程上可以划分为以下 4 个阶段:

(1) 根据灵活性资源预测信息,灵活性资源聚合商对其进行出力范围和运营成本的聚合,获取其内部灵活性资源输出规律曲线和聚合成本特性。

(2) 灵活性资源聚合商向上级虚拟电厂上报各类市场产品的投标价格及投标出力范围。

(3) 虚拟电厂运营商收集所有灵活性资源聚合商的投标信息,考虑各类机组的出力范围和成本特性,兼顾输电侧批发市场中各类市场产品价格,根据各类产品需求和系统安全运行约束,进行市场统一出清优化,从而确定直控设备调度计划,各灵活性资源聚合商中标价格和数量,以及虚拟电厂与输电侧批发市场之间的产品交互计划。

(4) 各灵活性资源聚合商代理根据虚拟电厂出清结果进行内部资源的优化调度,跟随虚拟电厂下发的调度指令。

灵活性资源聚合商在整个虚拟电厂商业模式中发挥了重要作用,其内部运营模式见图 4-2。

　　考虑到灵活性资源聚合商内部具有多种类型的灵活性资源,可以为上级电网提供多种服务,因此,灵活性资源聚合商代理首先应根据其内部各类需求侧和电源侧资源特征与聚合模型,充分考虑其内部不同市场产品之间的耦合关系,预先设计所参与的虚拟电厂类别及方案(包括各类市场产品的竞标价格和竞标出力范围),从而实现在虚拟电厂中谋利。在虚拟电厂出清后,灵活性资源聚合商会获取市场运营商下发的调度运行参考曲线和出清价格。此时,灵活性资源聚合商管理者应兼顾其内部运行安全性和经济性,设计底层各灵活性资源的控制计划,追踪调度运行参考曲线。

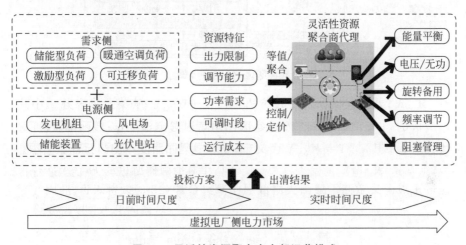

图 4-2　灵活性资源聚合商内部运营模式

4.2.2　灵活性资源聚合商介入的虚拟电厂市场交易组织执行方法

　　灵活性资源聚合商代理和虚拟电厂运营商各司其职,灵活性资源聚合商介入的虚拟电厂具体出清组织流程见图 4-3,具体可以分为以下 4 个阶段。

　　(1)准备阶段:灵活性资源聚合商应根据其内部分布式能源的种类和参数确定其参与虚拟电厂的方式;虚拟电厂需预先发布交易时间,设定电网运行边界条件,核定内部机组参数,以及与输电侧批发市场之间的市场产品交易价格和交易限制额度等准备工作。

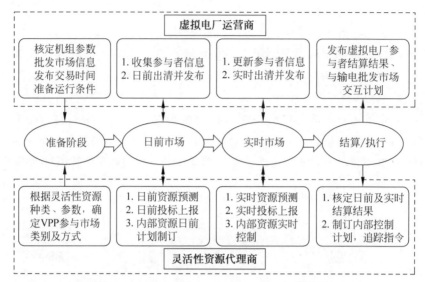

图 4-3　灵活性资源聚合商介入的虚拟电厂出清组织流程

（2）日前市场阶段：灵活性资源聚合商应根据其内部日前分布式能源预测结果，上报日前投标计划，并制订内部灵活性资源的运行计划和定价方法；虚拟电厂需要收集包含灵活性资源聚合商在内的所有市场参与者信息，结合其与输电侧批发市场之间的产品交易价格和交易限制额度，进行日前出清优化，向上级输电侧批发市场上报各类市场产品的分时交互计划，并向所有市场参与者发布日前市场分时出清结果。

（3）实时市场阶段：灵活性资源聚合商根据实时分布式能源预测结果，更新实时运行计划；虚拟电厂需更新所有市场参与者信息，进行实时出清优化，确定其与上级虚拟电厂之间的实时市场产品交互计划，并向所有市场参与者发布实时市场出清结果。

（4）结算/执行阶段：虚拟电厂根据日前和实时的出清结果对灵活性资源聚合商进行结算；灵活性资源聚合商对结算结果进行审核，并根据虚拟电厂发布的调度计划制订内部灵活性资源调度控制计划，从而追踪市场调度运行指令。

图 4-4 和图 4-5 分别给出了日前市场和实时市场组织过程中，灵活性资源聚合商和虚拟电厂在各阶段的具体执行任务。

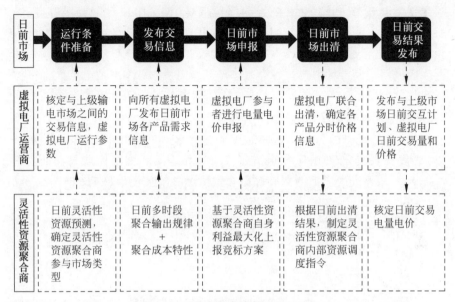

图 4-4　日前市场出清组织执行流程

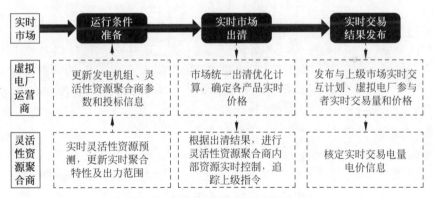

图 4-5　实时市场出清组织执行流程

4.3　考虑多类市场产品耦合的虚拟电厂侧电力市场出清模型及定价方法

4.3.1　虚拟电厂出清模型

本节所提模型可兼顾由灵活性资源聚合商提供的多种服务,包括有功功率平衡服务、无功调压服务、旋转备用服务、调频容量和调频里程服务。所提虚拟电厂联合出清优化目标为虚拟电厂系统总运营和调控成本最小化,涉及的运营成本包括以下三部分:①虚拟电厂运营商从上级输电侧省网或区域网批发市场中购买各类市场产品所需成本;②虚拟电厂内部可控分布式发电设备运行成本;③虚拟电厂运营商从各灵活性资源聚合商中购买各类市场产品所需成本。

$$
\begin{aligned}
\min \Phi^{\mathrm{DN}} = & \sum_{t=1}^{T} \left[\pi_{\mathrm{P},t}^{\mathrm{MG}} P_{i,t}^{\mathrm{MG}} + \pi_{\mathrm{Q},t}^{\mathrm{MG}} Q_{i,t}^{\mathrm{MG}} + \pi_{\mathrm{R},t}^{\mathrm{MG}} R_{i,t}^{\mathrm{MG}} + \pi_{\mathrm{C},t}^{\mathrm{MG}} C_{i,t}^{\mathrm{MG}} \right] + \pi_{\mathrm{L}}^{\mathrm{MG}} L_i^{\mathrm{MG}} + \\
& \sum_{i=1}^{N_{\mathrm{DG}}} \left[\Delta T \sum_{t=1}^{T} \left(F_i^{\mathrm{DG}}(P_{i,t}^{\mathrm{DG}}, R_{i,t}^{\mathrm{DG}}) + \pi_{\mathrm{C},t}^{\mathrm{DG}} C_{i,t}^{\mathrm{DG}} \right) + \pi_{\mathrm{L}}^{\mathrm{DG}} L_i^{\mathrm{DG}} \right] + \\
& \sum_{i=1}^{N_{\mathrm{VPP}}} \left[\Delta T \sum_{t=1}^{T} \left(\pi_{\mathrm{P},i,t}^{\mathrm{VPP}} P_{i,t}^{\mathrm{VPP}} + \pi_{\mathrm{Q},i,t}^{\mathrm{VPP}} Q_{i,t}^{\mathrm{VPP}} + \pi_{\mathrm{R},i,t}^{\mathrm{VPP}} R_{i,t}^{\mathrm{VPP}} + \right. \\
& \left. \pi_{\mathrm{C},i,t}^{\mathrm{VPP}} C_{i,t}^{\mathrm{VPP}} \right) + \pi_{\mathrm{L},i}^{\mathrm{VPP}} L_i^{\mathrm{VPP}} \right]
\end{aligned}
\tag{4-1}
$$

其中,T 为总运行时段数,h;ΔT 为优化时段间隔时长,h;N_{DG} 为传统发电机组个数;N_{VPP} 为灵活性资源聚合商并网节点数;$F_i^{\mathrm{DG}}(\cdot)$ 为发电机的运营成本函数;$\xi_{\mathrm{C},t}^{\mathrm{DG}}$ 和 $\xi_{\mathrm{L},t}^{\mathrm{DG}}$ 分别为 t 时刻发电机组 i 的调频容量和调频里程成本,其成本函数见式(4-2);$P_{i,t}^{\mathrm{DG}}$、$Q_{i,t}^{\mathrm{DG}}$、$R_{i,t}^{\mathrm{DG}}$、$C_{i,t}^{\mathrm{DG}}$ 和 L_i^{DG} 分别为 t 时刻发电机组 i 提供的有功功率、无功功率、备用容量、调频容量和调频里程;$\pi_{\mathrm{P},t}^{\mathrm{MG}}$、$\pi_{\mathrm{Q},t}^{\mathrm{MG}}$、$\pi_{\mathrm{R},t}^{\mathrm{MG}}$、$\pi_{\mathrm{C},t}^{\mathrm{MG}}$ 和 $\pi_{\mathrm{L}}^{\mathrm{MG}}$ 分别为虚拟电厂从上级输电侧省网或区域网批发市场购入的有功功率、无功功率、旋转备用、调频容量、调频里程的价格,该价格设定取决于实际应用背景,例如,可根据输电网与虚拟电厂之间事先协定的合同电价或者虚拟电厂所在输电网节点的价格预测获取;$P_{i,t}^{\mathrm{MG}}$、$Q_{i,t}^{\mathrm{MG}}$、$R_{i,t}^{\mathrm{MG}}$、$C_{i,t}^{\mathrm{MG}}$ 和 L_i^{MG} 分别为虚拟电厂从输电侧批发市场购入的有功功率、无功功率、备用容量、调频容量和调频里程;$\pi_{\mathrm{P},i,t}^{\mathrm{VPP}}$、$\pi_{\mathrm{Q},i,t}^{\mathrm{VPP}}$、$\pi_{\mathrm{R},i,t}^{\mathrm{VPP}}$、$\pi_{\mathrm{C},i,t}^{\mathrm{VPP}}$ 和 $\pi_{\mathrm{L},i}^{\mathrm{VPP}}$ 分别为灵活性资源聚合商在 t 时刻 i 节点处的有功功率、无功功率、备用容量、调频容量和调频里程投标价格;$P_{i,t}^{\mathrm{VPP}}$、$Q_{i,t}^{\mathrm{VPP}}$、$R_{i,t}^{\mathrm{VPP}}$、$C_{i,t}^{\mathrm{VPP}}$ 和 L_i^{VPP} 分别为虚拟电厂在 t 时刻 i 节点处从灵活性资源聚合商 i 购入的有功功率、无功功率、备用容量、调频容量和调频里程。

虚拟电厂直控分布式发电机组的运行成本函数可表示为

$$
\begin{aligned}
F_i^{\mathrm{DG}}(P_{i,t}^{\mathrm{DG}}, R_{i,t}^{\mathrm{DG}}) = & a_i (P_{i,t}^{\mathrm{DG}})^2 + b_i P_{i,t}^{\mathrm{DG}} + \gamma_t^{\mathrm{RM}} a_i (R_{i,t}^{\mathrm{DG}})^2 + \\
& \gamma_t^{\mathrm{RM}} b_i R_{i,t}^{\mathrm{DG}} + 2 \gamma_t^{\mathrm{RM}} a_i P_{i,t}^{\mathrm{DG}} R_{i,t}^{\mathrm{DG}} + c_i
\end{aligned}
\tag{4-2}
$$

其中，γ_t^{RM} 为旋转备用在 t 时刻的调用概率，%；a_i、b_i、c_i 为传统发电机组 i 的运行成本参数。

该优化问题的决策变量为 $\{P_{i,t}^{DG}, Q_{i,t}^{DG}, R_{i,t}^{DG}, C_{i,t}^{DG}, L_i^{DG}, P_{i,t}^{MG}, Q_{i,t}^{MG}, R_{i,t}^{MG}, C_{i,t}^{MG}, L_i^{MG}, P_{i,t}^{VPP}, Q_{i,t}^{VPP}, R_{i,t}^{VPP}, C_{i,t}^{VPP}, L_i^{VPP}\}$。虚拟电厂在优化出清中考虑的约束条件包括各类机组及灵活性资源聚合商投标模型、节点电压范围限制、支路潮流安全、各类辅助服务需求平衡等，具体的约束条件描述如下。

（1）采用一种线性化的配电侧潮流方程来描述电网拓扑结构和潮流分布：

$$P_i = \sum_{j=1, j \neq i}^{N_B} \left(\frac{k_{ij2}}{x_{ij}}(\theta_i - \theta_j) + \frac{k_{ij1}}{x_{ij}}(V_i - V_j) \right) \tag{4-3}$$

$$Q_i = \sum_{j=1, j \neq i}^{N_B} \left(-\frac{k_{ij1}}{x_{ij}}(\theta_i - \theta_j) + \frac{k_{ij2}}{x_{ij}}(V_i - V_j) \right) \tag{4-4}$$

$$P_{ij} = \frac{k_{ij2}}{x_{ij}}(\theta_i - \theta_j) + \frac{k_{ij1}}{x_{ij}}(V_i - V_j) \tag{4-5}$$

$$Q_{ij} = -\frac{k_{ij1}}{x_{ij}}(\theta_i - \theta_j) + \frac{k_{ij2}}{x_{ij}}(V_i - V_j) \tag{4-6}$$

$$P_i S_N = P_{i,t}^{MG} + P_{i,t}^{VPP} + P_{i,t}^{WP} + P_{i,t}^{PV} + P_{i,t}^{DG} - P_{i,t}^{Demand} \tag{4-7}$$

$$Q_i S_N = Q_{i,t}^{MG} + Q_{i,t}^{VPP} + Q_{i,t}^{DG} - Q_{i,t}^{Demand} \tag{4-8}$$

其中，$k_{ij1} = \dfrac{r_{ij} x_{ij}}{r_{ij}^2 + x_{ij}^2}$，$k_{ij2} = \dfrac{x_{ij}^2}{r_{ij}^2 + x_{ij}^2}$，其中 r_{ij}、x_{ij} 分别为节点 i 和节点 j 之间线路的电阻和阻抗，p.u.；N_B 为虚拟电厂节点总数；P_i、Q_i、θ_i、V_i 分别为节点 i 处的净注入有功功率、注入无功功率、相位及电压幅值，p.u.；S_N 为基准功率，MW；P_{ij}、Q_{ij} 分别为节点 i 和节点 j 之间线路的有功潮流、无功潮流，p.u.；$P_{i,t}^{WP}$ 和 $P_{i,t}^{PV}$ 分别为节点 i 处风电场和光伏电站的有功出力，MW；$P_{i,t}^{Demand}$ 和 $Q_{i,t}^{Demand}$ 分别为节点 i 处的有功负荷需求和无功负荷需求，MW。

此外，为保障系统安全运行，各节点电压及各支路潮流应被限制在一定范围内：

$$\underline{P}_{ij} \leqslant P_{ij} \leqslant \bar{P}_{ij} \tag{4-9}$$

$$\underline{Q}_{ij} \leqslant Q_{ij} \leqslant \bar{Q}_{ij} \tag{4-10}$$

$$\underline{V}_i \leqslant V_i \leqslant \bar{V}_i \tag{4-11}$$

其中，$\bar{P}_{ij}$、$\underline{P}_{ij}$、$\bar{Q}_{ij}$、$\underline{Q}_{ij}$ 分别为节点 i 和节点 j 之间线路的有功功率、无功功率的上限与下限，p.u.；$\bar{V}_i$ 和 $\underline{V}_i$ 分别为节点 i 处电压限制上限和下限，p.u.。

（2）虚拟电厂直控的分布式发电机组及可再生能源机组出力范围分别受其装机容量和预测值限制：

$$P_{i,t}^{\mathrm{DG}} + R_{i,t}^{\mathrm{DG}} + C_{i,t}^{\mathrm{DG}} \leqslant \bar{P}_i^{\mathrm{DG}} \tag{4-12}$$

$$P_{i,t}^{\mathrm{DG}} - C_{i,t}^{\mathrm{DG}} \geqslant \underline{P}_i^{\mathrm{DG}} \tag{4-13}$$

$$\underline{Q}_i^{\mathrm{DG}} \leqslant Q_{i,t}^{\mathrm{DG}} \leqslant \bar{Q}_i^{\mathrm{DG}} \tag{4-14}$$

$$\tan(\arccos(-\lambda_{\mathrm{DG}})) \leqslant \frac{Q_{i,t}^{\mathrm{DG}}}{P_{i,t}^{\mathrm{DG}}} \leqslant \tan(\arccos(\lambda_{\mathrm{DG}})) \tag{4-15}$$

$$\max(\underline{\kappa} C_{i,t}^{\mathrm{DG}}, \underline{L}_i^{\mathrm{DG}}) \leqslant L_i^{\mathrm{DG}} \leqslant \min(\bar{\kappa} C_{i,t}^{\mathrm{DG}}, \bar{L}_i^{\mathrm{DG}}) \tag{4-16}$$

$$0 \leqslant P_{i,t}^{\mathrm{WP}} \leqslant P_{i,t,\mathrm{fore}}^{\mathrm{WP}} \tag{4-17}$$

$$0 \leqslant P_{i,t}^{\mathrm{PV}} \leqslant P_{i,t,\mathrm{fore}}^{\mathrm{PV}} \tag{4-18}$$

其中，$\underline{P}_i^{\mathrm{DG}}$、$\bar{P}_i^{\mathrm{DG}}$、$\underline{Q}_i^{\mathrm{DG}}$、$\bar{Q}_i^{\mathrm{DG}}$ 分别为发电机 i 在 t 时刻的有功、无功出力上限与下限，MW；λ_{DG} 为发电机组的功率因数限制值；$P_{i,t,\mathrm{fore}}^{\mathrm{WP}}$ 和 $P_{i,t,\mathrm{fore}}^{\mathrm{PV}}$ 分别为风电场 i 和光伏电站 i 在 t 时刻的预测出力值，MW。

为描述系统中可再生能源的不确定性，本节假定风电和光伏出力的预测误差服从均值为 $0(\mu=0)$，标准差为预测均值 $5\%(\sigma=5\% \cdot P_{j,t,\mathrm{mean}})$ 的高斯概率密度分布函数 $\varepsilon_{j,t} \sim N(\mu, \sigma^2)$。使用置信水平来描述虚拟电厂对其内部可再生能源出力持有的风险态度，当采用不同的置信水平时，虚拟电厂能获取不同的出清方案。置信水平（C_{level}）与可再生能源出力期望值之间的关系可描述为

$$C_{\mathrm{level}} = P_r(P_{i,t,\mathrm{fore}} > P_{i,t,\mathrm{mean}} + \varepsilon_{i,t}) = \int_{P_{i,t,\mathrm{mean}}+\varepsilon_{i,t}}^{+\infty} f_\varepsilon(\varepsilon_{i,t}) \mathrm{d}\varepsilon_{i,t}$$
$$\tag{4-19}$$

其中，$P_{i,t,\mathrm{fore}}$ 为可再生能源 i 在 t 时刻的出力预测值，MW；$P_{i,t,\mathrm{mean}}$ 为可再生能源 i 在 t 时刻的出力预测期望均值，MW；$\varepsilon_{i,t}$ 为可再生能源 i 在 t 时刻的出力预测误差，MW；$f_\varepsilon(-)$ 为预测误差概率密度函数。

（3）虚拟电厂内部各时刻旋转备用，调频容量和调频里程应满足供需平衡：

$$R_t^{\mathrm{MG}} + \sum_{i=1}^{N_{\mathrm{VPP}}} R_{i,t}^{\mathrm{VPP}} + \sum_{i=1}^{N_{\mathrm{DG}}} R_{i,t}^{\mathrm{DG}} = R_t^{\mathrm{Demand}} \tag{4-20}$$

$$C_{i,t}^{\mathrm{MG}} + \sum_{i=1}^{N_{\mathrm{VPP}}} C_{i,t}^{\mathrm{VPP}} + \sum_{i=1}^{N_{\mathrm{DG}}} C_{i,t}^{\mathrm{DG}} = C_t^{\mathrm{Demand}} \tag{4-21}$$

$$L_{i,t}^{\mathrm{MG}} + \sum_{i=1}^{N_{\mathrm{VPP}}} L_{i,t}^{\mathrm{VPP}} + \sum_{i=1}^{N_{\mathrm{DG}}} L_{i,t}^{\mathrm{DG}} = L_t^{\mathrm{Demand}} \tag{4-22}$$

其中，R_t^{Demand}，C_t^{Demand} 和 L_t^{Demand} 分别为 t 时刻系统调频备用需求，调频容量需求和总调频里程需求，MW。

（4）考虑到各类市场产品之间的耦合关系，灵活性资源聚合商投标模型约束见式(4-23)～式(4-29)，其中式(4-23)～式(4-24)为有功功率、无功功率、旋转备用和调频容量投标范围约束；式(4-25)代表调频容量和调频里程在出清结果上的关联性，即只有提供调频容量服务的灵活性资源聚合商参与者才能提供调频里程服务；式(4-28)和式(4-29)代表有功功率、旋转备用和调频容量三类产品共同受灵活性资源聚合商有功出力投标范围的限制。

$$\underline{P}_i^{\mathrm{VPP}} \leqslant P_{i,t}^{\mathrm{VPP}} \leqslant \bar{P}_i^{\mathrm{VPP}} \tag{4-23}$$

$$\underline{Q}_i^{\mathrm{VPP}} \leqslant Q_{i,t}^{\mathrm{VPP}} \leqslant \bar{Q}_i^{\mathrm{VPP}} \tag{4-24}$$

$$0 \leqslant R_{i,t}^{\mathrm{VPP}} \leqslant \bar{R}_i^{\mathrm{VPP}} \tag{4-25}$$

$$0 \leqslant C_{i,t}^{\mathrm{VPP}} \leqslant \bar{C}_{i,t}^{\mathrm{VPP}} \tag{4-26}$$

$$\max(\underline{\kappa} C_{i,t}^{\mathrm{VPP}}, 0) \leqslant L_i^{\mathrm{VPP}} \leqslant \min(\bar{\kappa} C_{i,t}^{\mathrm{VPP}}, \bar{L}_i^{\mathrm{VPP}}) \tag{4-27}$$

$$P_{i,t}^{\mathrm{VPP}} + R_{i,t}^{\mathrm{VPP}} + C_{i,t}^{\mathrm{VPP}} \leqslant \bar{P}_i^{\mathrm{VPP}} \tag{4-28}$$

$$P_{i,t}^{\mathrm{VPP}} - C_{i,t}^{\mathrm{VPP}} \geqslant \underline{P}_i^{\mathrm{VPP}} \tag{4-29}$$

其中，$\underline{P}_i^{\mathrm{VPP}}$、$\bar{P}_i^{\mathrm{VPP}}$、$\underline{Q}_i^{\mathrm{VPP}}$、$\bar{Q}_i^{\mathrm{VPP}}$ 分别为灵活性资源聚合商 i 在 t 时刻的有功和无功出力范围的投标上限与下限，MW；$\bar{R}_i^{\mathrm{VPP}}$、$\bar{C}_{i,t}^{\mathrm{VPP}}$、$\bar{L}_i^{\mathrm{VPP}}$ 分别为旋转备用、调频容量、调频里程的投标上限，MW；$\underline{\kappa}$ 和 $\bar{\kappa}$ 分别为调频设备的最小比率和最大比率。

为保障各节点处功率因数被限制在一定范围内，可对灵活性资源聚合商功率因数限制如下：

$$\tan(\arccos(-\lambda_{\mathrm{VPP}})) \leqslant \frac{Q_{i,t}^{\mathrm{VPP}}}{P_{i,t}^{\mathrm{VPP}}} \leqslant \tan(\arccos(\lambda_{\mathrm{VPP}})) \tag{4-30}$$

其中，λ_{VPP} 为灵活性资源聚合商功率因数限制值。

4.3.2　各类市场产品定价方法

上述多元市场环境下虚拟电厂出清模型为典型二次规划问题,该优化问题的紧凑形式汇总如下:

$$\min \quad \varPhi^{\mathrm{DN}}(x)$$

$$\mathrm{s.t.}\begin{cases} f_n(x) \leqslant 0, & n = 1,2,\cdots,N \\ a_m^T x = b_m, & m = 1,2,\cdots,M \\ P_i S_{\mathrm{N}} - P_{i,t}^{\mathrm{MG}} - P_{i,t}^{\mathrm{VPP}} - P_{i,t}^{\mathrm{WP}} - P_{i,t}^{\mathrm{PV}} - P_{i,t}^{\mathrm{DG}} + P_{i,t}^{\mathrm{Demand}} = 0, \\ & i = 1,2,\cdots,N_{\mathrm{B}}; t = 1,2,\cdots,T \\ Q_i S_{\mathrm{N}} - Q_{i,t}^{\mathrm{MG}} - Q_{i,t}^{\mathrm{VPP}} - Q_{i,t}^{\mathrm{DG}} + Q_{i,t}^{\mathrm{Demand}} = 0, & i = 1,2,\cdots,N_{\mathrm{B}}; t = 1,2,\cdots,T \\ R_t^{\mathrm{MG}} + \sum_{i=1}^{N_{\mathrm{VPP}}} R_{i,t}^{\mathrm{VPP}} + \sum_{i=1}^{N_{\mathrm{DG}}} R_{i,t}^{\mathrm{DG}} = R_t^{\mathrm{Demand}}, & t = 1,2,\cdots,T \\ C_{i,t}^{\mathrm{MG}} + \sum_{i=1}^{N_{\mathrm{VPP}}} C_{i,t}^{\mathrm{VPP}} + \sum_{i=1}^{N_{\mathrm{DG}}} C_{i,t}^{\mathrm{DG}} = C_t^{\mathrm{Demand}}, & t = 1,2,\cdots,T \\ L_{i,t}^{\mathrm{MG}} + \sum_{i=1}^{N_{\mathrm{VPP}}} L_{i,t}^{\mathrm{VPP}} + \sum_{i=1}^{N_{\mathrm{DG}}} L_{i,t}^{\mathrm{DG}} = L_t^{\mathrm{Demand}}, & t = 1,2,\cdots,T \end{cases}$$

$$(4\text{-}31)$$

其中,N 为不等式约束总数; M 为除式(4-7)、式(4-8)、式(4-20)~式(4-22)之外的等式约束总数。

引入拉格朗日乘子,可以得到原问题的拉格朗日增广目标函数如下:

$$L(x,\mu_n,\lambda_m,\lambda_{i,t}^P,\lambda_{i,t}^Q,\lambda_t^R,\lambda_t^C,\lambda_t^L)$$

$$= \varPhi^{\mathrm{DN}}(x) + \sum_{n=1}^{N} \mu_n(f_n(x)) + \sum_{m=1}^{M} \lambda_m(a_m^T x - b_m) +$$

$$\sum_{t=1}^{T} \sum_{i=1}^{N_{\mathrm{B}}} \lambda_{i,t}^P (P_i S_{\mathrm{N}} - P_{i,t}^{\mathrm{MG}} - P_{i,t}^{\mathrm{VPP}} - P_{i,t}^{\mathrm{WP}} - P_{i,t}^{\mathrm{PV}} - P_{i,t}^{\mathrm{DG}} + P_{i,t}^{\mathrm{Demand}}) +$$

$$\sum_{t=1}^{T} \sum_{i=1}^{N_{\mathrm{B}}} \lambda_{i,t}^Q (Q_i S_{\mathrm{N}} - Q_{i,t}^{\mathrm{MG}} - Q_{i,t}^{\mathrm{VPP}} - Q_{i,t}^{\mathrm{DG}} + Q_{i,t}^{\mathrm{Demand}}) +$$

$$\sum_{t=1}^{T} \lambda_t^R (R_t^{\mathrm{MG}} + \sum_{i=1}^{N_{\mathrm{VPP}}} R_{i,t}^{\mathrm{VPP}} + \sum_{i=1}^{N_{\mathrm{DG}}} R_{i,t}^{\mathrm{DG}} - R_t^{\mathrm{Demand}}) +$$

$$\sum_{t=1}^{T} \lambda_t^C \left(C_{i,t}^{\text{MG}} + \sum_{i=1}^{N_{\text{VPP}}} C_{i,t}^{\text{VPP}} + \sum_{i=1}^{N_{\text{DG}}} C_{i,t}^{\text{DG}} - C_t^{\text{Demand}} \right) +$$

$$\sum_{t=1}^{T} \lambda_t^L \left(L_{i,t}^{\text{MG}} + \sum_{i=1}^{N_{\text{VPP}}} L_{i,t}^{\text{VPP}} + \sum_{i=1}^{N_{\text{DG}}} L_{i,t}^{\text{DG}} - L_t^{\text{Demand}} \right) \qquad (4\text{-}32)$$

其中，μ_n 为不等式约束 n 对应的拉格朗日乘子；λ_m 为等式约束 m 对应的拉格朗日乘子；$\lambda_{i,t}^P$、$\lambda_{i,t}^Q$、λ_t^R、λ_t^C 和 λ_t^L 分别为等式约束条件式（4-7）、式（4-8）、式（4-20）～式（4-22）对应的拉格朗日乘子。

该优化问题的 KKT 条件如下：

$$\nabla_x L(x, \mu_n, \lambda_m, \lambda_{i,t}^P, \lambda_{i,t}^Q, \lambda_t^R, \lambda_t^C, \lambda_t^L) = 0$$

$$a_m^T x - b_m = 0, \quad m = 1, 2, \cdots, M$$

$$\text{Eqn.} (4\text{-}7), (4\text{-}8), (4\text{-}20), (4\text{-}21), (4\text{-}22), \quad i = 1, 2, \cdots, N_B; \ t = 1, 2, \cdots, T$$

$$f_n(x) \leqslant 0, \quad n = 1, 2, \cdots, N$$

$$\mu_n(f_n(x)) = 0, \quad n = 1, 2, \cdots, N$$

$$\mu_n \geqslant 0, \quad n = 1, 2, \cdots, N$$

$$(4\text{-}33)$$

对式（4-33）所得的 KKT 最优化条件进行求解，可以得到该优化问题的最优解，其中决策变量优化终值 $\{P_{i,t}^{\text{VPP}}, Q_{i,t}^{\text{VPP}}, R_{i,t}^{\text{VPP}}, C_{i,t}^{\text{VPP}}, L_i^{\text{VPP}}\}$ 分别对应灵活性资源聚合商在虚拟电厂中获得的有功功率、无功功率、旋转备用、调频容量和调频里程的分时中标量。

定义满足最优条件时的目标函数如下：

$$V(P_{i,t}^{\text{Demand}}, Q_{i,t}^{\text{Demand}}, R_t^{\text{Demand}}, C_t^{\text{Demand}}, L_t^{\text{Demand}})$$

$$\hat{=} L(x^*, \mu^*, \lambda^*, P_{i,t}^{\text{Demand}}, Q_{i,t}^{\text{Demand}}, R_t^{\text{Demand}}, C_t^{\text{Demand}}, L_t^{\text{Demand}}) \quad (4\text{-}34)$$

其中，x^*、μ^*、λ^* 分别为满足 KKT 最优条件式（4-33）的决策变量值，不等式约束拉格朗日乘子和等式约束拉格朗日乘子。

基于包络定理，可以推导出虚拟电厂内部各节点的有功功率和无功功率的分时分节点出清价格，以及旋转备用、调频容量和调频里程的分时价格[32]：

$$
\begin{cases}
\pi_{i,t}^P = \dfrac{\partial V}{\partial P_{i,t}^{\text{Demand}}} = \lambda_{i,t}^P, & i = 1, 2, \cdots, N_B;\ t = 1, 2, \cdots, T \\[3mm]
\pi_{i,t}^Q = \dfrac{\partial V}{\partial Q_{i,t}^{\text{Demand}}} = \lambda_{i,t}^Q, & i = 1, 2, \cdots, N_B;\ t = 1, 2, \cdots, T \\[3mm]
\pi_t^R = \dfrac{\partial V}{\partial R_t^{\text{Demand}}} = \lambda_t^R, & t = 1, 2, \cdots, T \\[3mm]
\pi_t^C = \dfrac{\partial V}{\partial C_t^{\text{Demand}}} = \lambda_t^C, & t = 1, 2, \cdots, T \\[3mm]
\pi_t^L = \dfrac{\partial V}{\partial L_t^{\text{Demand}}} = \lambda_t^L, & t = 1, 2, \cdots, T
\end{cases}
\tag{4-35}
$$

其中，$\pi_{i,t}^P$ 和 $\pi_{i,t}^Q$ 分别为 t 时刻虚拟电厂的节点 i 处的有功和无功的节点出清价格；π_t^R，π_t^C 和 π_t^L 分别为 t 时刻虚拟电厂旋转备用、调频容量和调频里程的边际出清价格。

本节给出了基于 KKT 最优化条件和包络定理的各类市场产品定价推导过程。根据式(4-35)可知，本节所提定价方法将各类市场产品的出清价格与原始优化问题(4-31)中等式约束(4-7)、约束(4-8)和约束(4-20)~约束(4-22)的拉格朗日乘子建立了对应关系。Cplex 等商业优化软件可对该二次规划问题进行快速求解，相应的拉格朗日乘子也可直接导出，从而可以便利地得到各类市场产品的出清价格[41]。

4.4　算　例　分　析

4.4.1　算例仿真 1：中山 25 节点虚拟电厂

算例仿真 1 采用 25 节点广东省中山市某区域虚拟电厂，系统拓扑见图 4-6。其中，VPP1~VPP12 分别从 Bus12、Bus14~Bus18、Bus20~Bus25 接入虚拟电厂。本算例用于分析在不同场景下虚拟电厂的分时段出清结果，因此联合出清的总时段数设置为 24，各时段的间隔时长为 1 h。仿真中采用的批发市场小时级有功电价数据来自广东电力交易中心 2019 年 5 月 16 日发布的实际出清数据，无功电价、旋转备用(后文简述备用)和调频服务的小时级价格分别来自文献、PJM 市场和 ERCOT 市场在 2014 年 5 月实际发布的出清数据，见图 4-7。系统内部各类市场产品需求曲线见图 4-8。

1. 市场出清结果展示

各灵活性资源聚合商向虚拟电厂中各类市场产品的投标出力范围和价

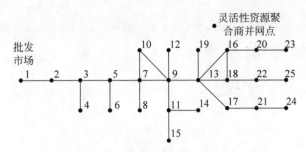

图 4-6　算例系统拓扑结构

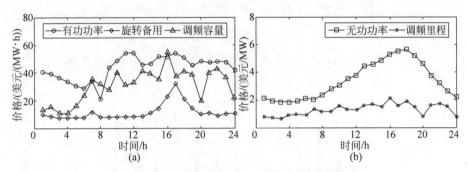

图 4-7　批发市场中各类市场产品价格曲线

（a）批发市场有功功率、旋转备用和调频容量价格曲线；（b）批发市场无功功率和调频里程价格曲线

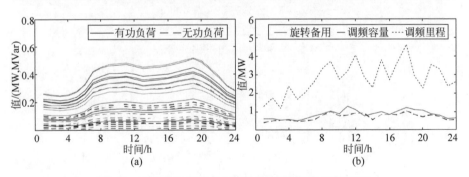

图 4-8　系统内部各类市场产品需求曲线（见文前彩图）

（a）各节点有功负荷和无功负荷需求曲线；（b）系统旋转备用、调频容量、调频里程需求曲线

格分别如图 4-9 和图 4-10 所示。

　　根据各类市场产品在输电侧批发市场的价格曲线，虚拟电厂参数及各灵活性资源聚合商投标计划，虚拟电厂根据所提联合出清模型进行优化计算，从而获得各类市场产品的出清电价，如图 4-11～图 4-13 所示。批发市场电价和产品需求是时变的，各类市场产品的出清价格也是时变的。此外，

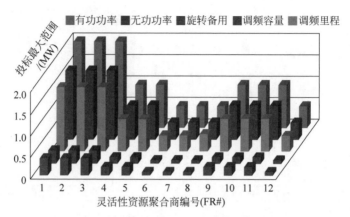

图 4-9　灵活性资源聚合商对各类市场产品的投标范围(见文前彩图)

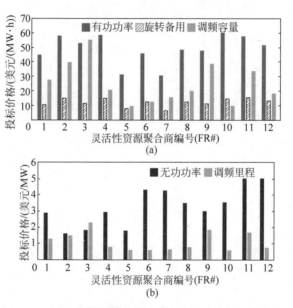

图 4-10　灵活性资源聚合商对各类市场产品的投标价格

(a)灵活性资源聚合商对有功、旋转备用和调频容量的投标价格；(b)灵活性资源聚合商
对无功和调频里程的投标价格

本节所提模型考虑了网络阻塞和节点电压约束,因此不同节点有功电价和无功电价存在一定的差异。

除各产品电价外,市场出清结果还包括虚拟电厂向灵活性资源聚合商代理下发的各产品中标量,即分时调度指令,如图 4-14、图 4-15 所示。每个灵活性资源聚合商应根据各时段各市场产品的出清量,制定调度和控制方案,追踪上级调度指令,维持系统安全可靠运行。所提出清模型能充分考虑到不同种类市场产品之间的耦合关系和参与者投标出力范围限制,综合发挥不同类别灵活性资源聚合商的优势,从而制定系统运行成本最低的市场出清方案。

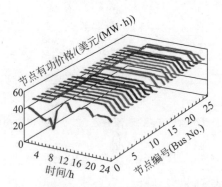

图 4-11　系统有功功率出清节点电价(见文前彩图)

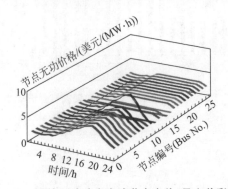

图 4-12　系统无功功率出清节点电价(见文前彩图)

本节通过对图 4-16 中灵活性资源聚合商各类市场产品的中标总量进行分析,得到如下结论:

(1)根据式(4-27)可知,所提出清模型能够兼顾调频容量和调频里程出清结果之间的关联性,即只有提供调频容量服务的市场参与者才能提供调频里程服务。

(2)所提模型考虑了有功功率、旋转备用和调频容量之间的耦合关系(受灵活性资源聚合商有功出力范围限制),例如,虽然灵活性资源聚合商 5(FR5)的各类报价均较低,但受有功出力范围限制,最终仅有功功率和调频容量得以中标,如图 4-17 所示。

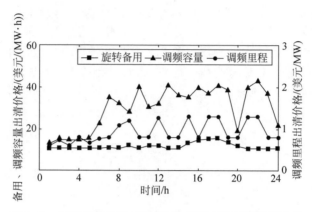

图 4-13　系统旋转备用、调频容量、调频里程出清边际电价

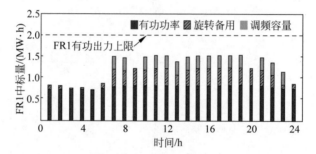

图 4-14　FR1 有功功率、旋转备用和调频容量分时出清结果

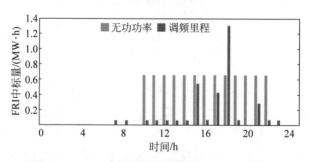

图 4-15　FR1 无功功率和调频里程分时出清结果

　　根据各灵活性资源聚合商中标量、各市场产品出清价格和需求信息,我们可对整个系统电源侧和负荷侧分别进行结算,见图 4-18,从图中可以看出,负荷侧和电源侧的结算结果存在一定差值,该差值是由潮流阻塞和电压安全限制引起的,在无输电拥堵和电压越限的情况下,电源侧和负荷侧的结算金额应严格相等。

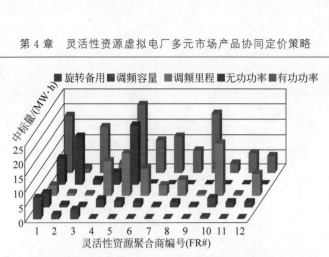

图 4-16　灵活性资源聚合商各类市场产品出清总量（见文前彩图）

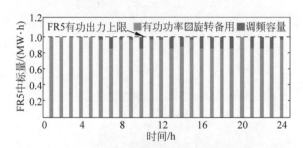

图 4-17　FR5 有功功率、旋转备用和调频容量分时出清结果

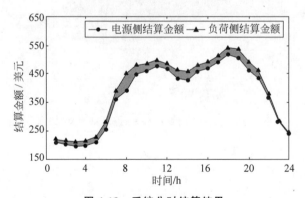

图 4-18　系统分时结算结果

2. 不同应用场景下出清结果对比

对不同线路容量和批发市场电价（以有功电价为例）条件下的出清结果进行仿真分析，我们可以得到系统总运营成本、系统平均有功节点电价和节点电价平均平方差随线路容量和主网电价变化的曲线如图 4-19～图 4-21

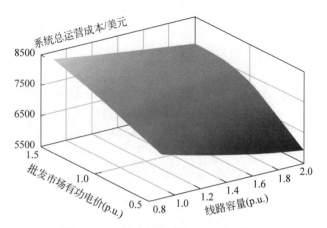

图 4-19　系统总运营成本（见文前彩图）

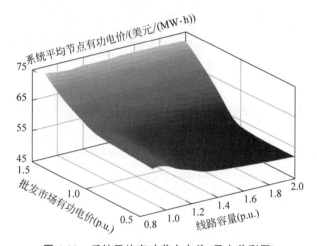

图 4-20　系统平均有功节点电价（见文前彩图）

所示。其中,系统总运营成本代表虚拟电厂的整体经济性,平均有功电价和有功节点电价平均平方差分别代表用户用电成本和不同节点之间的电价差异程度。通过对不同场景下的出清结果进行分析,本节可以得到如下结论。

（1）批发市场价格和线路容量在一定程度上会影响市场出清结果,包括系统总运营成本和节点电价分布。

（2）随着批发市场有功电价降低,系统总运营成本和有功功率平均节点电价不断降低,但受灵活性资源聚合商报价的影响,系统总运营成本和平均节点电价存在下限。因此,市场出清结果虽然受个体影响,但是最终由所有参与者共同决定,从而有利于维持市场的稳定性和长效运行。

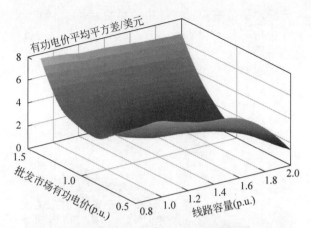

图 4-21　系统有功节点电价平均平方差（见文前彩图）

（3）随着线路容量降低，系统总运行成本增加，平均出清价格升高，各节点间电价差异增大，一定程度上反映了输电拥堵是加剧虚拟电厂运营成本和节点电价差异性的重要因素。

4.4.2　算例仿真 2：Matpower141 节点虚拟电厂

本算例基于 Matlab/matpower141 节点系统，验证本书所提虚拟电厂联合出清方法在大型系统中的适用性和可扩展性，并利用该系统对所提出清方法进行单时段（以 $t=15$ h 为例）仿真测试，测试系统的详细参数见文献[35]。仿真中输电侧批发市场各类产品的价格见图 4-7，灵活性资源聚合商的投标价格参数见图 4-10。假定虚拟电厂通过 1 号节点并入输电网，VPP1～VPP12 的并网节点分别为 Bus5、Bus10、Bus16、Bus19、Bus25、Bus38、Bus50、Bus56、Bus78、Bus90、Bus115、Bus131。另外，鉴于系统规模扩大，本算例在仿真场景中将灵活性资源聚合商对各市场产品的投标范围（见图 4-5）均扩大为原来的 2 倍。

本算例在 Cplex 求解平台下利用所提虚拟电厂联合出清及定价策略对该 141 节点配电系统进行 50 次实验仿真，计算机 CPU 的型号为 Intel i7-3610QM(16 GB RAM)。仿真实验的平均数据处理和转换时间为 9.8394 s，平均优化计算时间为 0.3566 s，满足实际虚拟电厂实时分时段出清的计算时间要求（15 min），验证了所提方法的高效求解效率及其在大型系统中的普遍适用性。

为进一步分析网络阻塞对出清价格的影响,图 4-22 给出了不同线路容量限制条件下有功功率和无功功率的节点出清电价与旋转备用、调频容量、调频里程的边际出清价格。从图 4-22 中可以看出,线路容量的变化对旋转

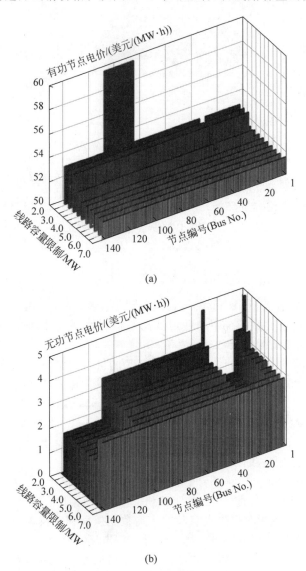

(a)

(b)

图 4-22　不同线路容量限制下出清价格的对比（见文前彩图）

（a）不同线路容量限制条件下有功节点电价对比；（b）不同线路容量限制条件下无功节点电价对比；（c）不同线路容量限制条件下旋转备用、调频容量和调频里程边际价格对比

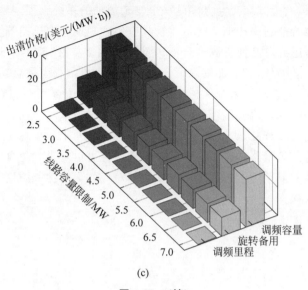

(c)

图 4-22　（续）

备用、调频容量和调频里程的边际出清价格无明显影响，而对节点有功功率和无功功率出清价格的影响较大；传输线路容量越小，虚拟电厂内部电网的输电拥堵现象越严重，各节点有功功率和无功功率的出清价格差异就越大，进一步说明了线路容量限制所导致的网络阻塞现象是造成各节点有功功率和无功功率出清价格差异性的重要因素。

4.5　本章小结及展望

本章综合考虑有功功率、无功功率、旋转备用、调频容量和调频里程等多类市场产品供需平衡和耦合关系、灵活性资源聚合商参与者投标模型、线路潮流和节点电压安全约束，以虚拟电厂所有市场参与者运营和调控成本最小化为目标，提出了一种与灵活性资源聚合商相适应的虚拟电厂市场联合出清模型，能够实现对多类虚拟电厂产品的联合优化和协同定价。中山25 节点实际虚拟电厂和 Matpower141 节点虚拟电厂系统的仿真结果表明，本章所提方法具有高效求解效率和普遍适用性，能够充分满足虚拟电厂实时运行中出清优化的计算效率要求，充分发挥各市场参与者的优势，维持系统公平性并促进其长效经济运行。

实际上，灵活性资源聚合商与虚拟电厂（包括能量市场和辅助服务市场)的协同运营模式和交互方案是一个复杂烦琐的系统工程。具体来说,灵活性资源聚合商和虚拟电厂的运营模式应包含短期和中长期等多个时间尺度,此外,考虑到灵活性资源聚合商内部资源的多样性,除本章建模中涉及的各类电力产品外,灵活性资源聚合商还可以为电网提供黑启动、非同步备用、不平衡电量追踪和系统保护等其他类别的服务。本章仅是从短期市场(日前市场和实时市场)运行的角度考虑了现行虚拟电厂中几类常见且存在耦合关系的市场产品,进而对灵活性资源聚合商介入的虚拟电厂市场运营模式和出清定价策略进行了讨论。未来的研究可以着手对包含更多种类辅助服务产品的复杂虚拟电厂组织方案及其对应的灵活性资源聚合商运营模式展开深入探索。

第5章　基于深度强化学习的虚拟电厂辅助服务指令快速分解

5.1　本章引言

前文的分析主要针对间隔 1 h 或 15 min 的稳态经济调度问题。然而，由于虚拟电厂中的灵活性资源参数不准确、动态特性难建模，因此在实际运行中对灵活性资源进行调控是一项非常具有挑战性的任务。此外，上级电网调控中心下发的辅助服务指令（如频率调节指令）总是连续频繁地变化，且时间间隔很小（往往在 4～6 s）。因此，在实时运行中，虚拟电厂管理者亟须在被控对象模型参数不准确的场景中给出高效快速的辅助服务指令分解方案。

上述挑战促使研发人员利用深度强化学习方法助力虚拟电厂在实时运行过程中提供频率调节服务，以实现对灵活性资源聚合商辅助服务调频指令的快速分解。此外，为了减轻算法探索带来的高昂运行成本和难以忍受的指令误差，本章提出了一种两阶段深度强化学习方法：在离线训练阶段，制定了离线模拟器来逼近灵活性资源聚合商的动态特性，并通过软演员-评论家（SAC）算法训练控制策略；在线实施阶段，将训练好的控制策略在实际环境中不断更新，基于先验知识显著改善算法启动过程中的性能。此外，为了提高所提方法的鲁棒性和适应性，本章采用锐度感知最小化（SAM）方法对 SAC 算法进行了改进。数值仿真结果表明，与现有方法相比，该方法能使虚拟电厂更准确、更经济地实现辅助服务调频指令的快速分解。

本章的其余部分组织如下。相关基础知识在 5.2 节中介绍，所提两阶段强化学习模型和方法分别在 5.3 节和 5.4 节中介绍，案例研究和结论见 5.5 节和 5.6 节。

5.2　相　关　基　础

本节将介绍相关背景知识、马尔可夫决策过程和灵活性资源动态数学模型。

5.2.1　背景

本章重点介绍电力市场中辅助服务的实施方案。辅助服务调频请求由电力系统调控中心发出,在虚拟电厂可提供的调节能力范围内,每隔 4~6 s发生一次变化。因此,虚拟电厂代理商的首要任务是跟踪上级系统运营商发出的调节请求,并将上级下发的调控指令分解给各灵活性资源聚合商。电力系统调控中心、虚拟电厂和灵活性资源聚合商之间的关系如图 5-1所示。

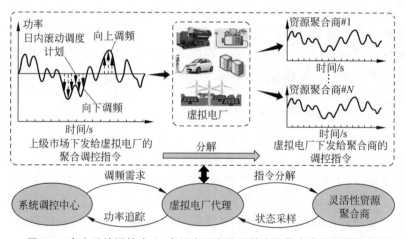

图 5-1　电力系统调控中心、虚拟电厂和灵活性资源聚合商之间的关系

5.2.2　灵活性资源动态数学模型

(1)动态特性:考虑通信延迟[1]和动态惯量[2],灵活性资源的动态特性可以建模为

$$\dot{p}_{i,\tau} = -\frac{1}{H_i}p_{i,\tau} + \frac{G_i}{H_i}(\tilde{p}_{i,\tau} + \Delta u_{i,\tau-T_i^{\text{delay}}}) \tag{5-1}$$

其中,$p_{i,\tau}$ 为灵活性资源 i 在 τ 时刻的实际输出功率,$p_{i,\tau} = \tilde{p}_{i,\tau} + \Delta p_{i,\tau}$,

$\tilde{p}_{i,\tau}$ 和 $\Delta p_{i,\tau}$ 分别为灵活性资源 i 的原始功率调度计划和功率调整量；$\Delta u_{i,\tau-T_i^{\text{delay}}}$ 代表灵活性资源 i 辅助服务调频指令，该指令从下发到响应的延迟时延为 T_i^{delay}；G_i 为增益系数，代表灵活性资源 i 的功率跟踪精度；H_i 为灵活性资源 i 的惯性系数。

注意式(5-1)仅给出了描述灵活性资源动态性能的粗略模型。实际环境下的精确动态模型要复杂得多，且其参数难以标定。式(5-1)中简化的灵活性资源模型可以协助制定一个离线模拟器来对实际环境进行近似，为强化学习训练方法提供经验积累。

灵活性资源的功率调节范围由当前输出功率、能量状态和自身辅助服务可调范围共同决定：

$$\Delta \bar{u}_{i,\tau} = \min\{\bar{p}_i - \tilde{p}_{i,\tau}, \rho(\tilde{e}_{i,\tau} - \underline{e}_i)/\Delta t, r_{i,t}\} \tag{5-2}$$

$$\Delta \underline{u}_{i,\tau} = \max\{\underline{p}_i - \tilde{p}_{i,\tau}, \rho(\tilde{e}_{i,\tau} - \bar{e}_i)/\Delta t, -r_{i,t}\} \tag{5-3}$$

其中，$\Delta \bar{u}_{i,\tau}$ 和 $\Delta \underline{u}_{i,\tau}$ 分别为灵活性资源 i 的调控范围的上限和下限；$\tilde{p}_{i,\tau}$ 为灵活性资源 i 调度计划的基准输出功率；$\underline{p}_i$ 和 $\bar{p}_i$ 分别为灵活性资源 i 输出功率的下限和上限；$\underline{e}_i$ 和 $\bar{e}_i$ 分别为灵活性资源 i 能量的下限和上限；$\tilde{p}_{i,\tau}$ 和 $\tilde{e}_{i,\tau}$ 为日内调度计划中灵活性资源 i 的有功输出和剩余能量状态；$r_{i,t}$ 为灵活性资源 i 可提供的最大辅助服务调节范围；Δt 为调控指令下发的时间间隔；ρ 代表支撑连续辅助服务调控需求的能量预留系数。

灵活性资源的剩余能量状态在每个控制周期后的更新方法如下：

$$e_{i,\tau} = \theta_i e_{i,\tau-1} + \omega_i w_\tau^{\text{AM}} - \begin{cases} \Delta t \eta_i \kappa_i^{\text{in}} p_{i,\tau}, & p_{i,\tau} < 0 \\ \Delta t p_{i,\tau} \eta_i / \kappa_i^{\text{out}}, & p_{i,\tau} \geqslant 0 \end{cases} \tag{5-4}$$

其中，$e_{i,\tau}$ 为灵活性资源 i 在 τ 时刻的剩余能量；κ_i^{in} 和 κ_i^{out} 分别为输入转换效率和输出转换效率；θ_i 表示能量耗散率；η_i 为功率到能量（或温度）的转换效率；ω_i 为环境参数的影响因子；w_τ^{AM} 是灵活性资源 i 在 τ 时刻的外界环境参数。

(2) 调节成本：单个灵活性资源的调节成本包括增量调节成本和调节里程成本。灵活性资源的稳态运行成本函数可以用二次函数来建模[3]。

$$g_{i,\tau}^{\text{ope}} = a_{2,i}(p_{i,\tau})^2 + a_{1,i} p_{i,\tau} + a_{0,i} \tag{5-5}$$

其中，$a_{2,i}$、$a_{1,i}$ 和 $a_{0,i}$ 为灵活性资源 i 的稳态运行成本系数。

灵活性资源的调节功率是在日内调度计划的基础上进行调整的，其功率变化所对应的增量调节成本 $\Delta p_{i,\tau}$ 为

$$f_{i,\tau}^{\text{ope}} = \frac{\partial g_i^{\text{ope}}}{\partial p_{i,\tau}}\bigg|_{p_{i,\tau}=\tilde{p}_{i,\tau}} \Delta p_{i,\tau} = c_i \Delta p_{i,\tau} \tag{5-6}$$

其中，$c_i = 2a_{2,i}\tilde{p}_{i,\tau} + a_{1,i}$ 为灵活性资源 i 的增量调节成本系数。

频繁的频率调节需求会降低灵活性资源的使用寿命[4]。因此，调节调频里程成本可以代表由于灵活性资源的摩擦损耗和老化等问题带来的额外成本，调节里程成本目前也已经被很多主流的辅助服务市场考虑[5]。相邻两个时段的调节里程成本建模如下：

$$f_{i,\tau}^{\text{mil}} = b_i \mid p_{i,\tau} - p_{i,\tau-1} \mid \tag{5-7}$$

其中，b_i 为灵活性资源 i 的调节里程成本系数。

5.2.3　马尔可夫决策过程

本节针对灵活性资源聚合商动态模型参数不准确的问题，提出了一种基于强化学习的辅助服务调节指令分解方法。虚拟电厂的辅助服务指令分解问题被视为强化学习决策模型，虚拟电厂内各类资源动态特性为环境。这个问题可以建模为一个典型的马尔可夫决策问题，如图 5-2 所示。马尔可夫决策过程由元组 $M(S, A, P, r, \gamma)$ 定义，其中 S 是一个有限状态空间；A 是一个有限的动作空间；P 是表征马尔可夫决策过程的状态转移函数；$P(\cdot \mid s, a): S \times A \rightarrow S$，基于该状态转移函数，当前状态-动作对 $(s, a) \in S \times A$ ·可以映射到一个时刻的系统状态 $s' \in S$ 上；因此，系统下一时刻的状态仅与系统当前的状态和动作相关；$r(s, a): S \times A \rightarrow \mathbb{R}$ 代表从环境中获取的有界奖励；γ 是未来环境奖励对应的折扣系数。

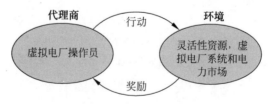

图 5-2　马尔可夫决策过程

5.3　两阶段深度强化学习方法

5.3.1　两阶段深度强化学习框架

在强化学习训练阶段的初始阶段中，由于采样数据不足，决策模型对环境知之甚少。强化学习决策模型会产生大量随机数据来探索环境,这会导致很高的经济成本和跟踪偏差。因此,智能体在线实施之前,有必要通过离线训练过程的数据积累,获得一个能用于在线实施的预训练策略。鉴于此,本节提出了一种两阶段强化学习方法来解决所提辅助服务调频指令的快速分解问题,所提方法的实施思路见图 5-3,首先对强化学习决策模型进行离线训练,然后将获得的控制策略传递给在线实施环境,在离线预训练模型的基础上结合实际环境的反馈进行在线更新。

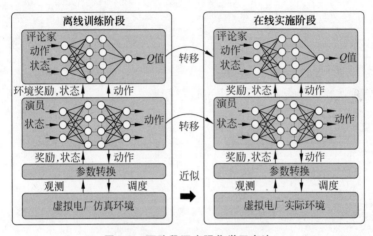

图 5-3　两阶段深度强化学习方法

此外,电力系统中的灵活性资源数量巨大,极大地降低了系统训练效率,导致强化学习训练过程收敛速度变慢。在高维决策任务中,我们很难找到一种有效的强化学习训练策略。鉴于此,本节所提方法针对灵活性资源聚合商整体进行调控,而非针对单个灵活性资源,状态和动作空间的维度被大幅降低,显著减小了强化学习智能体的训练难度。

5.3.2　离线仿真模拟器建模

1. 聚合商的参数估计

本节建立了一个离线模拟仿真环境来近似虚拟电厂的实际运行环境。根据式(5-1)～式(5-4)中的灵活性资源模型,灵活性资源的动态模型参数包括: $\chi_i = \{G_i, H_i, T_i^{\text{delay}}, \eta_i, \kappa_i^{\text{in}}, \kappa_i^{\text{out}}, \theta_i, \omega_i\}$ 和 $\vartheta_i = \{\tilde{p}_{i,\tau}, \bar{p}_i, \underline{p}_i, \tilde{e}_{i,\tau}, \bar{e}_i, \underline{e}_i, r_{i,\tau}\}$。

通过计算同一聚合商中 χ_i 的几何中心和 ϑ_i 的总和,我们可以得到聚合商的近似参数[6]:

$$\chi_k = \sum_{i \in \Theta_k^{\mathrm{AGG}}} (w_i \chi_i) \tag{5-8}$$

$$\vartheta_k = \sum_{i \in \Theta_k^{\mathrm{AGG}}} (\vartheta_i) \tag{5-9}$$

其中,Θ_k^{AGG} 表示聚合商 k 中的灵活性资源集合;χ_k 和 ϑ_k 是聚合商 k 的近似参数,$\chi_k = \{G_k, H_k, T_k^{\mathrm{delay}}, \eta_k, \kappa_k^{\mathrm{in}}, \kappa_k^{\mathrm{out}}, \theta_k, \omega_k\}$,$\vartheta_k = \{\widetilde{P}_{k,\tau}, \overline{P}_k, \underline{P}_k, \widetilde{E}_{k,\tau}$,$\overline{E}_k, \underline{E}_k, R_{k,\tau}\}$;$w_i$ 为满足 $\sum_{i \in \Theta_k^{\mathrm{AGG}}} w_i = 1$ 的权重因子,由灵活性资源 i 的容量或聚合模型中的放缩因子 ϕ_i 决定。

灵活性资源聚合商的动态模型近似如下:

$$\dot{P}_{k,\tau}^{\mathrm{AGG}} = -\frac{1}{H_k} P_{k,\tau}^{\mathrm{AGG}} + \frac{G_k}{H_k} (\Delta U_{k,\tau-T_k^{\mathrm{delay}}}^{\mathrm{AGG}} + \widetilde{P}_{k,\tau}^{\mathrm{AGG}}) \tag{5-10}$$

$$E_{k,\tau}^{\mathrm{AGG}} = \theta_k E_{k,\tau-1}^{\mathrm{AGG}} + \omega_k w_\tau^{\mathrm{AM}} - \begin{cases} \Delta t \eta_k \kappa_k^{\mathrm{in}} P_{k,\tau}^{\mathrm{AGG}}, & P_{k,\tau}^{\mathrm{AGG}} < 0 \\ \Delta t P_{k,\tau}^{\mathrm{AGG}} \eta_k / \kappa_k^{\mathrm{out}}, & P_{k,\tau}^{\mathrm{AGG}} \geqslant 0 \end{cases} \tag{5-11}$$

$$\Delta \underline{U}_{k,\tau}^{\mathrm{AGG}} \leqslant \Delta U_{k,\tau}^{\mathrm{AGG}} \leqslant \Delta \overline{U}_{k,\tau}^{\mathrm{AGG}} \tag{5-12}$$

$$\Delta \overline{U}_{k,\tau}^{\mathrm{AGG}} = \min\{\overline{P}_k^{\mathrm{AGG}} - \widetilde{P}_{k,\tau}^{\mathrm{AGG}}, \rho(\widetilde{E}_{k,\tau}^{\mathrm{AGG}} - \underline{E}_k^{\mathrm{AGG}})/\Delta t, R_{k,\tau}^{\mathrm{AGG}}\} \tag{5-13}$$

$$\Delta \underline{U}_{k,\tau}^{\mathrm{AGG}} = \max\{\underline{P}_k^{\mathrm{AGG}} - \widetilde{P}_{k,\tau}^{\mathrm{AGG}}, \rho(\widetilde{E}_{k,\tau}^{\mathrm{AGG}} - \overline{E}_k^{\mathrm{AGG}})/\Delta t, -R_{k,\tau}^{\mathrm{AGG}}\} \tag{5-14}$$

其中,$P_{k,\tau}^{\mathrm{AGG}}$ 和 $E_{k,\tau}^{\mathrm{AGG}}$ 分别为聚合商 k 在 τ 时刻的输出功率和剩余能量;$\Delta U_{k,\tau}^{\mathrm{AGG}}$ 为 τ 时刻基于日内调度计划对聚合商 k 的调控命令;$\Delta \overline{U}_{k,\tau}^{\mathrm{AGG}}$ 和 $\Delta \underline{U}_{k,\tau}^{\mathrm{AGG}}$ 为对聚合商 k 的调控命令的上界和下界;$\widetilde{P}_{k,\tau}^{\mathrm{AGG}}$ 和 $\widetilde{E}_{k,\tau}^{\mathrm{AGG}}$ 为 τ 时刻聚合商 k 的有功功率和剩余能量的日内调度方案;$\underline{P}_k^{\mathrm{AGG}}$、$\overline{P}_k^{\mathrm{AGG}}$、$\underline{E}_k^{\mathrm{AGG}}$ 和 $\overline{E}_k^{\mathrm{AGG}}$ 分别为聚合商 k 的输出功率和能量状态的下限和上限;$R_{k,\tau}^{\mathrm{AGG}}$ 为聚合商 k 的最大辅助服务调节范围。

根据式(5-6)和式(5-7)中灵活性资源的调节成本,聚合商的调节成本函数的近似公式如下:

$$F_{k,\tau}^{\mathrm{ope}} = C_k \Delta P_{k,\tau}^{\mathrm{AGG}} \tag{5-15}$$

$$F_{k,\tau}^{\mathrm{mil}} = B_k \mid P_{k,\tau}^{\mathrm{AGG}} - P_{k,\tau-1}^{\mathrm{AGG}} \mid \tag{5-16}$$

其中,$F_{k,\tau}^{\mathrm{ope}}$ 为聚合商 k 的稳定运行成本;$\Delta P_{k,\tau}^{\mathrm{AGG}} = P_{k,\tau}^{\mathrm{AGG}} - \widetilde{P}_{k,\tau}^{\mathrm{AGG}}$ 为聚合商 k

的有功功率调整量；$F_{k,\tau}^{\text{mil}}$ 为聚合商 k 的调节里程成本；C_k 和 B_k 分别为聚合商 k 的增量调节成本系数和调节里程成本系数的近似值，$C_k = \sum_{i \in \Theta_k^{\text{AGG}}} (w_i c_i), B_k = \sum_{i \in \Theta_k^{\text{AGG}}} (w_i b_i)$。

请注意，尽管离线仿真环境与实际环境之间存在不可避免的差异，但搭建一个离线仿真模拟环境仍然有助于训练初始控制策略并为智能体的在线实施提供软启动。根据实际环境中的数据和经验积累，我们可以采用一些先进的参数标定方法来提高这些参数的逼近精度[6-7]。虽然这不是本研究的重点，但确实是一个值得深入研究的有前景的课题。

2. 强化学习决策模型

强化学习决策模型为典型的马尔可夫决策过程，强化学习的状态空间、动作空间和奖励函数定义如下。

（1）训练时长。考虑到无论是在离线训练阶段还是在在线实施阶段，强化学习决策问题均为典型的连续控制问题。因此，训练过程中可以对有限数据集添加噪声，实现循环利用。

（2）动作（$a_\tau \in A$：）。动作空间为虚拟电厂对所有灵活性资源聚合商的调节比率 $a_\tau = [a_{K,\tau}]$。实际的功率调节指令可以通过调节比率变换得到：

$$\Delta U_{k,\tau}^{\text{AGG}} = \Delta \underline{U}_{k,\tau}^{\text{AGG}} + a_{k,\tau} (\Delta \overline{U}_{k,\tau}^{\text{AGG}} - \Delta \underline{U}_{k,\tau}^{\text{AGG}}) \tag{5-17}$$

其中，$a_{k,\tau} \in [0,1]$代表虚拟电厂对聚合商 k 在 τ 时刻的对应调节比率。

（3）状态（$s_\tau \in S$）。马尔可夫决策过程的状态空间包括 $s_\tau = [s_{k,\tau}]$，其中，$s_{k,\tau} = \{\delta_\tau^{\text{VPP}}, P_{k,\tau}^{\text{AGG}}, E_{k,\tau}^{\text{AGG}}, \widetilde{P}_{k,\tau}^{\text{AGG}}, \widetilde{E}_{k,\tau}^{\text{AGG}}, \Delta \overline{U}_{k,\tau}^{\text{AGG}}, \Delta \underline{U}_{k,\tau}^{\text{AGG}}\}$；$\delta_\tau^{\text{VPP}}$ 是电力系统调控中心发出的参考调节指令与虚拟电厂的输出功率之间的跟踪误差。

（4）奖励（$r_\tau \in \mathbb{R}$）。奖励函数的定义如下：

$$r_\tau = \omega^{\text{RM}} R_\tau^{\text{RM}} - \sum_{k=1}^{N^{\text{AGG}}} \left[\omega^{\text{cost}} (F_{k,\tau}^{\text{ope}} + F_{k,\tau}^{\text{mil}}) + \omega^{\text{pnl}} F_{k,\tau}^{\text{pnl}} \right] \tag{5-18}$$

其中，R_τ^{RM} 为虚拟电厂提供调频辅助服务带来的收入；$F_{k,\tau}^{\text{pnl}}$ 为聚合商 k 的调控指令偏差对应的惩罚项；N^{AGG} 为聚合商的个数；ω^{RM}、ω^{cost} 和 ω^{pnl} 是不同目标对应的权重系数。

根据目前辅助服务市场的运营管理机制，提供调频辅助服务的虚拟电厂营收同时取决于虚拟电厂实际提供的调频里程和功率跟踪偏差。受

CAISO 市场结算机制的启发,本研究采用里程结算收益来量化虚拟电厂提供频率调节辅助服务的收益[5,8]。

$$R_\tau^{\mathrm{RM}} = \rho_\tau^{\mathrm{VPP}} \pi_\tau^{\mathrm{MP}} M_\tau^{\mathrm{VPP}} \qquad (5\text{-}19)$$

其中,π_τ^{MP} 为 τ 时刻调频辅助服务市场的调频里程价格;M_τ^{VPP} 为电力系统调控中心在 τ 时刻对虚拟电厂发出的功率调节里程;ρ_τ^{VPP} 为 τ 时刻的功率追踪精度调整系数。

$$M_\tau^{\mathrm{VPP}} = |\, U_\tau^{\mathrm{VPP}} - U_{\tau-1}^{\mathrm{VPP}} \,| \qquad (5\text{-}20)$$

$$\rho_\tau^{\mathrm{VPP}} = \frac{U_\tau^{\mathrm{VPP}} - |\, \delta_\tau^{\mathrm{VPP}} \,|}{U_\tau^{\mathrm{VPP}}} \qquad (5\text{-}21)$$

$$\delta_\tau^{\mathrm{VPP}} = U_\tau^{\mathrm{VPP}} - P_\tau^{\mathrm{VPP}} \qquad (5\text{-}22)$$

其中,U_τ^{VPP} 为 τ 时刻上级电网下发的参考调节功率;P_τ^{VPP} 是虚拟电厂在 τ 时刻的实际响应功率。

需要注意的是,这种基于辅助服务调频调节里程和功率追踪精度的结算机制在当代广泛存在的电力市场中是普遍适用的,因此所提方法可以很方便地推广到其他相关电力市场中,例如,北美的宾夕法尼亚州-泽西岛-马里兰州(Pennsylvania,Jersey,Maryland,PJM)市场,纽约州电力市场,中国的广东省电力市场等[8-10]。

为避免灵活性资源聚合商的功率和能量状态与日内调度计划偏差过大,我们对灵活性资源聚合商实际功率和能量状态与日内调度计划偏差的罚函数定义如下:

$$F_{k,\tau}^{\mathrm{pnl}} = \omega^P (P_{k,\tau} - \widetilde{P}_{k,\tau})^2 + \omega^E (E_{k,\tau} - \widetilde{E}_{k,\tau})^2 \qquad (5\text{-}23)$$

其中,$F_{k,\tau}^{\mathrm{pnl}}$ 为灵活性资源聚合商实际功率和能量状态与日内调度计划偏差对应的惩罚项;ω^P 和 ω^E 分别为功率偏差和能量偏差的权重系数。

5.3.3　在线实施

经过离线实施阶段的经验积累和数据训练,本节将离线训练得到的调控策略转移到实际系统中实施,利用从实际环境中获得的数据对强化学习调控策略进行持续的在线更新。在线实施的初始阶段,由于强化学习决策模型在离线阶段积累了足够的知识,因此可以大大提高实际虚拟电厂的功率追踪精度和运行经济性。在线实施过程中,强化学习模型的定义方法与离线训练阶段完全相同,包括状态空间、动作空间、奖励函数等。下文中仅列出两个阶段之间的区别。

与离线阶段不同,状态变量和奖励是通过对实际环境的测量获得的。因此,灵活性资源聚合商的以下变量、参数和运行成本应根据各灵活性资源的实测数据进行更新:

$$P_{k,\tau}^{\text{AGG}} = \sum_{i \in \Theta_k^{\text{AGG}}} (p_{i,\tau}), \quad E_{k,\tau}^{\text{AGG}} = \sum_{i \in \Theta_k^{\text{AGG}}} (e_{i,\tau}) \tag{5-24}$$

$$\Delta \overline{U}_{k,\tau}^{\text{AGG}} = \sum_{i \in \Theta_k^{\text{AGG}}} (\Delta \overline{u}_{i,\tau}), \quad \Delta \underline{U}_{k,\tau}^{\text{AGG}} = \sum_{i \in \Theta_k^{\text{AGG}}} (\Delta \underline{u}_{i,\tau}) \tag{5-25}$$

$$F_{k,\tau}^{\text{ope}} = \sum_{i \in \Theta_k^{\text{AGG}}} (f_{i,\tau}^{\text{ope}}), \quad F_{k,\tau}^{\text{mil}} = \sum_{i \in \Theta_k^{\text{AGG}}} (f_{i,\tau}^{\text{mil}}) \tag{5-26}$$

此外,在线实施过程中,上级电网下发的辅助服务调频指令应分解到所有单个灵活性资源。从聚合商到单个灵活性资源的分解方法如下:

$$\Delta u_{i,\tau} = \begin{cases} \dfrac{\Delta \overline{u}_{i,\tau}}{\Delta \overline{U}_{k,\tau}^{\text{AGG}}} (U_{k,\tau}^{\text{AGG}} - \widetilde{P}_{k,\tau}^{\text{AGG}}), & U_{k,\tau}^{\text{AGG}} \geqslant \widetilde{P}_{k,\tau}^{\text{AGG}} \\[3mm] \dfrac{\Delta \underline{u}_{i,\tau}}{\Delta \underline{U}_{k,\tau}^{\text{AGG}}} (U_{k,\tau}^{\text{AGG}} - \widetilde{P}_{k,\tau}^{\text{AGG}}), & U_{k,\tau}^{\text{AGG}} < \widetilde{P}_{k,\tau}^{\text{AGG}} \end{cases} \tag{5-27}$$

5.4　强化学习算法

强化学习决策模型的目标是搜索使累计奖励最大化的控制策略。Actor-critic 框架是强化学习算法中广泛使用的训练架构,其中,Actor 网络基于梯度下降策略更新网络参数,Critic 网络用于估计期望环境 Q 值。本节采用软演员-评论家(soft actor-critic,SAC)强化学习方法对虚拟电厂辅助服务指令分解问题进行求解,SAC 是一种训练效率快、样本利用率高的随机策略方法[11-12]。

5.4.1　SAC 强化学习算法

SAC 采用最大熵目标,在标准目标函数上增加熵项,以提升训练策略的探索能力:

$$\pi^* = \underset{\pi}{\text{argmax}} V^{\pi}(s)$$

$$= \underset{a_{\tau} \sim \pi(\cdot | s_{\tau})}{E} \sum_{\tau=0}^{\infty} \gamma^{\tau} [r_{\tau}(s_{\tau}, a_{\tau}) - \alpha \log \pi(a_{\tau} | s_{\tau})] \tag{5-28}$$

其中,$\pi(a_{\tau} | s_{\tau})$ 是决策模型从状态空间 S 映射到动作空间 A 上的策略;

$V^{\pi}(s)$ 为状态 s 在策略 π 的控制方案下获得的期望奖励值；α 是自适应的权重系数，该系数决定了熵值与奖励值之间的权重；$\gamma \in (0,1)$ 是未来奖励对应的折扣因子。

SAC 算法设置了两个神经网络，分别是 Q 网络和策略网络。我们采用 ϑ 表示 Q 网络参数，Q 网络用来近似状态-动作对 (s_{τ}, a_{τ}) 的对应 Q 值 $Q_{\vartheta}(s_{\tau}, a_{\tau})$；采用 ϕ 表示策略网络参数，用于输出动作指令的均值和方差。

为实现熵值的自适应调整，本节通过最小化以下目标来计算熵权重系数 α 的更新梯度[12]：

$$\min_{\alpha} J(\alpha) = E_{a_{\tau} \sim \pi_{\tau}} [-\alpha \log \pi_{\tau}(a_{\tau} \mid s_{\tau}) - \alpha \overline{H}] \tag{5-29}$$

其中，$\overline{H}$ 是期望获得的最小熵值。

本节以 Kullback-Leibler 散度最小化为目标来训练策略网络参数，具体如下：

$$\min_{\phi} J_{\pi}(\phi) = E_{s_{\tau} \sim B} [E_{a_{\tau} \sim \pi_{\phi}} [\alpha \log \pi_{\phi}(a_{\tau} \mid s_{\tau}) - Q_{\vartheta}(s_{\tau}, a_{\tau})]] \tag{5-30}$$

其中，B 表示数据存储器，用于历史状态和动作对的采样。

我们通过最小化 Bellman 残差来学习 Q 网络参数，方法如下：

$$\min_{\vartheta} J_{Q}(\vartheta) = E_{(s_{\tau}, a_{\tau}) \sim B} \left[\frac{1}{2} (Q_{\vartheta}(s_{\tau}, a_{\tau}) - (r_{\tau}(s_{\tau}, a_{\tau}) + \gamma E_{s_{\tau+1} \sim P} [V_{\overline{\vartheta}}(s_{\tau+1})]))^2 \right] \tag{5-31}$$

其中，$\overline{\vartheta}$ 为 Q 网络系数 ϑ 的指数移动平均值。

5.4.2 SAM-SAC 强化学习算法

离线环境和在线实施环境之间总是存在着不可避免的偏差。为了提高 SAC 算法的自适应性和鲁棒性，本节设置了一种基于锐度感知最小化方法的软演员-评论家（SAM-SAC）算法，以缓解两阶段训练环境之间差异带来的不利影响，如图 5-4 所示。

锐度感知最小化（SAM）方法以同时最小化损失值和损失锐度为目标[13-14]，用于搜索能满足训练目标最小化的参数邻域，从而提升神经网络的泛化性和鲁棒性。SAC 算法中，Q 网络用于拟合系统状态与环境奖励之间的关系，本节采用 SAM 算法改善 Q 网络的泛化性。因此，Q 网络的损失函数定义如下[14]：

$$J_{Q}(\vartheta) \leqslant \max_{\| T_{\vartheta}^{-1} \varepsilon \|_2 \leqslant \rho} J_{Q}(\vartheta + \varepsilon) + h \left(\frac{\| \vartheta \|_2^2}{\rho^2} \right) \tag{5-32}$$

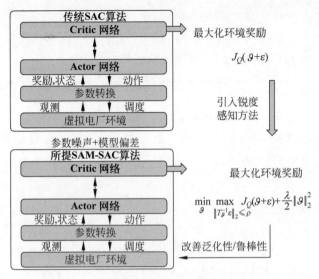

图 5-4　SAM-SAC 算法

其中,ε 代表参数噪声;$J_Q(\vartheta+\varepsilon)$ 为考虑参数噪声的损失函数;$h:\mathbb{R}^+\to$ $\mathbb{R}^+$ 为递增函数;ρ 是影响领域范围的超参数;$T_\vartheta=\mathrm{diag}[\,|\vartheta_1|,|\vartheta_2|,\cdots,$ $|\vartheta_m|\,]$ 是满足尺度不变性的操作算子,定义为 $T_{A\vartheta}^{-1}A=T_\vartheta^{-1}$,其中 $\vartheta=[\vartheta_1,$ $\vartheta_2,\cdots,\vartheta_m]$,$A$ 是可逆的操作算子。

　　因此,可以将式(5-31)中 Q 网络的原始损失函数重新定义为以下自适应锐度感知最小化问题:

$$\min_{\vartheta}\ \max_{\|\,T_\vartheta^{-1}\varepsilon\,\|_2\leqslant\rho}\ J_Q(\vartheta+\varepsilon)+\frac{\lambda}{2}\,\|\,\vartheta\,\|_2^2 \tag{5-33}$$

其中,λ 为 ℓ^2 的正则化权衰减系数。

　　与传统的 SAC 算法相比,本节提出的 SAM-SAC 算法的主要创新之处在于将 Q 网络的训练损失函数从式(5-31)改进为式(5-33)。Q 网络的目的是通过训练一组参数来估计环境奖励,式(5-33)中的双层鲁棒优化模型可以增强训练目标对参数噪声扰动的鲁棒性,从而提高强化学习算法对环境参数偏差的适应性,缓解两阶段训练环境之间偏差带来的不利影响。

　　式(5-33)可以通过两步迭代来解决。首先在内层找到恶劣的噪声场景,然后在外层计算最优神经网络参数,具体方法如下[13-14]:

$$\varepsilon=\rho\,\frac{T_\vartheta^2\hat{\nabla}J_Q(\vartheta)}{\|\,T_\vartheta\hat{\nabla}J_Q(\vartheta)\,\|_2} \tag{5-34}$$

$$\vartheta = \vartheta - \delta_Q (\hat{\nabla} J_Q (\vartheta + \varepsilon) + \lambda \vartheta) \tag{5-35}$$

其中,δ_Q 为 Q 网络的学习率。

算法 4 给出了 SAM-SAC 算法的伪代码。

算法 4:SAM-SAC(伪代码)

输入:ϑ_1、ϑ_2、$\bar{\vartheta}_1$、$\bar{\vartheta}_2$ 为初始 Q 网络参数;ϕ 为初始策略网络参数;$B \leftarrow \varnothing$ 为初始化经验回放池;υ 为神经网络参数的软更新系数;δ_Q、δ_π、δ_α 分别为 Q 网络、策略网络和参数 α 的学习效率。

for 每次迭代,do

for 每步环境,do

$a_\tau \sim \pi_\phi (a_\tau | s_\tau)$;

$s_{\tau+1} \sim P(s_{\tau+1} | s_\tau, a_\tau)$;

$B \leftarrow B \cup \{(s_\tau, a_\tau, r_\tau, s_{\tau+1})\}$;

end for

for 每步训练,do

从经验回访池 B 中抽取数据进行训练;

$\varepsilon_i = \rho \dfrac{T_{\vartheta_i}^2 \hat{\nabla} J_Q (\vartheta_i)}{\| T_{\vartheta_i} \hat{\nabla} J_Q (\vartheta_i) \|_2}$ for $i \in \{1, 2\}$;

$\vartheta_i \leftarrow \vartheta_i - \delta_Q (\hat{\nabla}_{\vartheta_i} J_Q (\vartheta_i + \varepsilon_i) + \lambda \vartheta_i)$ for $i \in \{1, 2\}$;

$\phi \leftarrow \phi - \delta_\pi \hat{\nabla}_\phi J_\pi (\phi)$;

$\alpha \leftarrow \alpha - \delta_\alpha \hat{\nabla}_\alpha J(\alpha)$;

$\bar{\vartheta}_i \leftarrow \upsilon \vartheta_i + (1 - \upsilon) \bar{\vartheta}_i$ for $i \in \{1, 2\}$;

end for

end for

输出 $\vartheta_1, \vartheta_2, \phi$

值得一提的是,一些先进技术方法可以很容易地合并到本节提出的 SAM-SAC 算法中[15]。例如,为了消除或减少环境训练过程中的参数偏差和奇异数据带来的不利影响,我们可以独立训练两个不同的 Q 网络(ϑ_1,ϑ_2),利用较小 $J_Q(\vartheta_i)$ 函数来计算策略梯度,这在一定程度上能够提高算法收敛过程的稳定性。此外,为了加速训练过程,我们可以采用优先经验回放技术(prioritized experience replay, PER)[16] 和最新经验数据回放方法

(experience replay without forgetting the past，EREFP)[17] 来提高采样效率，并对重要场景进行重复学习。

5.5　案 例 分 析

为了研究所提出方法的性能和有效性，本节给出了由可再生能源发电、传统发电机和各种类型的灵活性资源组成的虚拟电厂的仿真结果，虚拟电厂内部资源类别如图 5-5 所示。5.5.1 节给出了仿真环境的设置方法，5.5.2 节和 5.5.3 节分别给出了所提方法的有效性和优势分析。

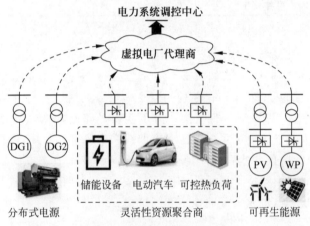

图 5-5　虚拟电厂内部资源类别

5.5.1　模拟仿真环境设置

本节所提算法基于 PyCharm 的 Python 环境编程实施，强化学习方法中使用的多层神经网络是使用 PyTorch 工具包制定的，所有测试在配备英特尔 i7-3610QM CPU 和 16 GB RAM 的计算机上进行。在不失通用性的前提下，测试系统中包含 3000 个灵活性资源（1000 个电动汽车充电负荷、1000 个热可控居民和 1000 个储能电池），灵活性资源的参数分布见表 5-1。灵活性资源被分入 8 个聚合商。虚拟电厂内部还包括一个额定容量为 10 MW 的光伏电站和一个额定容量为 10 MW 的风电场。各可再生能源发电曲线是根据东北地区吉林市电网的实测数据得到的。为避免出现弃风弃光现象，各可再生能源发电机组被设置为最大功率跟踪模式。

表 5-1　灵活性资源参数的概率分布

参　　数	分布	均值	方差	最小值	最大值
惯性系数 H_i/s	UD	3.50	2.00	0.20	8.00
时间延迟 T_i^{delay}/s	UD	0.45	0.20	0.20	0.80
成本系数 $a_{2,i}$/(美元/(MW · h)^2)	TGD	15.40	5.00	5.00	30.00
成本系数 $a_{1,i}$/(美元/(MW · h))	TGD	0.50	0.25	0.15	1.00
成本系数 $a_{0,i}$/美元	TGD	0.05	——	0.00	0.10
成本系数 b_i/(美元/MW)	TGD	1.35	0.75	0.30	4.50
灵活性资源的不可控概率/%	UD	10.00	2.50	5.00	20.00

注：TGD 表示截断的高斯分布；UD 表示均匀分布。

　　表 5-1 中的数据是采用蒙特卡罗抽样方法获得的各个灵活性资源的参数。分布式发电机组参数如表 5-2 所示。强化学习算法参数如表 5-3 所示。需要注意的是，表 5-1 中的不可控概率表示灵活性资源在实际环境中不执行虚拟电厂调节命令的概率。为了获得足够的数据和积累足够的经验，本节算法基于历史可再生能源发电曲线和市场价格曲线，模拟虚拟电厂的连续日运行场景。然后，为了模仿电力系统调控中心下发的辅助服务调频指令，本节利用蒙特卡罗采样和插值方法，在日内调度计划的基础上加入随机噪声和波动，生成大量训练集和测试集。

表 5-2　分布式发电机参数

发电机组编号	H_i(s)	T_i^{delay}(s)	范围/MW	成本系数			
				$a_{2,i}$/(美元/(MW·h)^2)	$a_{1,i}$/(美元/(MW·h))	$a_{0,i}$/美元	b_i/(美元/MW)
DG1	4.60	0.30	[2,5]	2.80	32.00	1.20	1.20
DG2	12.20	0.65	[2,5]	3.20	29.50	2.60	1.45

表 5-3　强化学习算法参数

参　　数	数值	参　　数	数值
神经网络优化工具	Adam	未来奖励值的折扣因子	0.9
神经网络隐藏层数	2	神经网络训练辅助参数	0.7
每个隐藏层的神经元数	512	权重衰减系数	0.001
数据缓冲区容量	0.000 01	超参数 ρ	0.005
批训练采样容量	64	软更新系数	0.01
学习效率	0.001	$\omega^{\text{RM}}/\omega^{\text{cost}}/\omega^{\text{pnl}}/\omega^P/\omega^E$	10/5/2/0.9/0.1

5.5.2　所提方法的有效性分析

图 5-6 给出了虚拟电厂内代表性灵活性资源的群体调节曲线,图 5-7 给出了虚拟电厂对实时辅助服务指令的追踪效果,从图中可以看出,所提方法通过对规模化灵活性资源的快速分解和协调调控,实现了对上级功率调节指令的精准追踪。

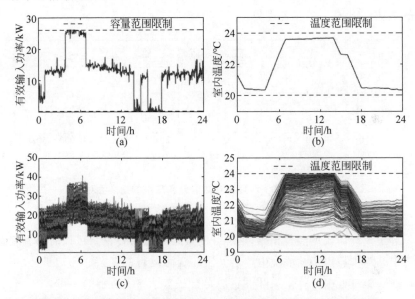

图 5-6　虚拟电厂内代表性灵活性资源的群体调节曲线(见文前彩图)

(a) 单个温控负荷的功率调节曲线;(b) 单个温控负荷的温度变化曲线;(c) 温控负荷的群体功率调节曲线;(d) 温控负荷的群体温度变化曲线

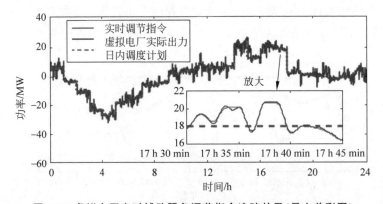

图 5-7　虚拟电厂实时辅助服务调节指令追踪效果(见文前彩图)

5.5.3 本节所提方法的优势分析

图 5-8 通过引入偏差来模拟仿真环境与真实环境中的差异,给出了本节所提方法(SAM-SAC 算法)与传统 SAC 算法在应对环境参数偏差和噪声情况下的奖励值对比,从图中可以看出,所提方法的奖励波动范围明显减小。因此,所提方法在提高调控策略对奖励噪声的鲁棒性和对环境参数偏差的适应性方面具有显著优势。

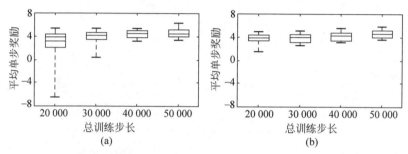

图 5-8 两种算法对环境参数偏差和噪声的适应性对比

(a) SAC 算法;(b) SAM-SAC 算法

经过离线阶段的经验积累,训练好的策略网络和 Q 网络可以转移到在线实施中。为了模拟实际环境中单个灵活性资源运行的复杂性和随机性,本节在在线实施过程中对每个灵活性资源分配了如表 5-1 所示的不可控概率,并在离线仿真环境灵活性资源参数中加入 20% 均匀分布的随机噪声。由图 5-9 可以看出,与离线启动相比,在线启动过程的系统奖励偏差明显减小。此外,在线启动过程的跟踪误差可以保持在可接受的范围内,如图 5-10 所示。因此,从离线仿真环境中学习到的先验知识有助于促进算法在初始在线实施过程中采取更合理的动作,提高算法在线实施启动过程中的性能表现。

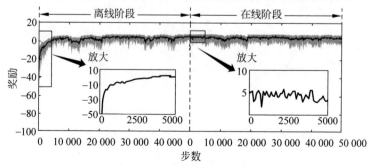

图 5-9 从离线训练阶段到在线实施阶段的奖励值变化曲线

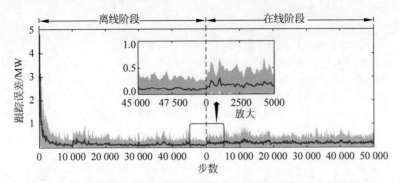

图 5-10　从离线训练阶段到在线实施阶段的跟踪误差变化曲线

5.6　本章小结

本章提出了一种基于两阶段强化学习的虚拟电厂辅助服务调频服务分解方法,该方法可以在不准确的环境模型下,将上级电力系统发出的时变调节请求有效地分解到灵活性资源聚合商。本章所提出的两阶段强化学习方法可以充分利用离线训练过程中积累的先验知识,提高在线实施的初始启动阶段的性能表现。本章提出的 SAM-SAC 算法对奖励噪声具有鲁棒性,能够适应虚拟电厂环境参数的变化,减轻了离线训练和在线实施环境之间的偏差带来的不利影响。数值仿真结果表明,本章所提方法能提高调控策略对奖励噪声的鲁棒性和对环境参数偏差的适应性,显著提升虚拟电厂实时调节效率和功率追踪精度,助力灵活性资源经济运行。

参 考 文 献

［1］ MOHAMMADI M,AREFI M M,SETOODEH P,et al. Optimal tracking control based on reinforcement learning value iteration algorithm for time-delayed nonlinear systems with external disturbances and input constraints［J］. Information Sciences,2021,554：84-98.

［2］ KO K S,HAN S,SUNG D K. A new mileage payment for EV aggregators with varying delays in frequency regulation service［J］. IEEE Transactions on Smart Grid,2018,9(4)：2616-2624.

［3］ WANG Z,WU W,ZHANG B. A distributed quasi-newton method for droop-free primary frequency control in autonomous microgrids［J］. IEEE Transactions on Smart Grid,2018,9(3)：2214-2223.

［4］ HE G,CHEN Q,KANG C,et al. Optimal bidding strategy of battery storage in power markets considering performance-based regulation and battery cycle life[J]. IEEE Transactions on Smart Grid,2016,7(5): 2359-2367.

[5] SADEGHI-MOBARAKEH A, MOHSENIAN-RAD H. Optimal bidding in performance-based regulation markets: An MPEC analysis with system dynamics [J]. IEEE Transactions on Power Systems,2016,32(2): 1282-1292.

[6] ZHANG J,XU H. Online identification of power system equivalent inertia constant [J]. IEEE Transactions on Industrial Electronics, 2017, 64 (10): 8098-8107.

[7] GORBUNOV A,DYMARSKY A, BIALEK J. Estimation of parameters of a dynamic generator model from modal PMU measurements[J]. IEEE Transactions on Power Systems,2020,35(1): 53-62.

[8] CALIFORNIA ISO. Pay for performance regulation draft final proposal[EB/OL]. (2012-02-13) [2021-07-10]. http://www. caiso. com/Documents/DraftFinalProposal-PayforPerformanceRegulation. pdf # search=Performance%20Regulation.

[9] PJM. Manual 11: Energy & ancillary services market operations[EB/OL]. (2021-09-01)[2021-10-09]. https://www. pjm. com/-/media/documents/manuals/m11. ashx.

[10] KO K S,HAN S, SUNG D K. Performance-based settlement of frequency regulation for electric vehicle aggregators[J]. IEEE Transactions on Smart Grid, 2018,9(2): 866-875.

[11] HAARNOJA T,ZHOU A, ABBEEL P, et al. Soft actor-critic: Off-policy maximum entropy deep reinforcement learning with a stochastic actor [C]. Stockholm,Sweden: Proceedings of the 35th International Conference on Machine Learning,PMLR,2018: 1861-1870.

[12] HAARNOJA T,ZHOU A,HARTIKAINEN K,et al. Soft actor-critic algorithms and applications[J]. arXiv: 1812. 05905,2019.

[13] FORET P,KLEINER A,MOBAHI H,et al. Sharpness-aware minimization for efficiently improving generalization[C]. Vienna,Austria: International Conference on Learning Representations,2021: 1-20.

[14] KWON J, KIM J, PARK H, et al. ASAM: Adaptive sharpness-aware minimization for scale-invariant learning of deep neural networks[C]. Vienna, Austria: Proceedings of the 38th International Conference on Machine Learning, PMLR,2021: 1-13.

[15] YE Y,QIU D,SUN M,et al. Deep reinforcement learning for strategic bidding in electricity markets [J]. IEEE Transactions on Smart Grid, 2020, 11 (2): 1343-1355.

[16] SCHAUL T,QUAN J,ANTONOGLOU I,et al. Prioritized experience replay[C]. San Juan,Puerto Rico: International Conference on Learning Representations,2016: 1-21.

[17] WANG C, ROSS K. Boosting soft actor-critic: Emphasizing recent experience without forgetting the past[J]. arXiv: 1906. 04009,2019.

第6章 结 语

本书系统性地构建了规模化灵活性资源虚拟电厂多时间尺度优化运营模式,提出了计及参数异质性和不确定性的灵活性资源聚合策略,设计了基于深度强化学习的虚拟电厂调控指令快速分解策略,为解决海量可调设备带来的"维度灾"难题提供了新方法。

在理论层面,本书取得的主要结论和核心创新性贡献如下。

(1) 首次提出了基于分布鲁棒机会约束的可行域内接近似理论,构建了计及参数异质性和不确定性的海量可调资源集群聚合等值策略,有效解决了海量灵活性资源带来的"维度灾"难题,将无序分布式能源转换成有序灵活性资源,显著提升了调控中心建模和计算效率。

(2) 提出了新型规模化灵活性资源虚拟电厂多时间尺度优化调控策略,构建了首个电力市场-虚拟电厂-灵活性资源多级协同的运营模式,从经济调度和市场出清两个层面,系统性地提出了计及潮流安全约束和灵活性资源辅助服务耦合关系的虚拟电厂调度及定价方法,显著提高了电力系统的安全性和经济性。

(3) 提出了基于锐度感知最小化方法的新型深度强化学习算法,并首次应用于虚拟电厂实时调控阶段,所提方法能提高调控策略对奖励噪声的鲁棒性和对环境参数偏差的适应性,显著提升虚拟电厂实时调节效率和功率追踪精度。

在应用层面,核心研究成果支撑了中国首个电力市场环境下虚拟电厂示范工程的开展,形成了中国规模最大的虚拟电厂需求侧响应交易市场,培育了超过 15 GW 的注册灵活性资源和虚拟电厂全新商业形态,有效缓解了广东省电力供需紧张和局部电网卡脖子的问题,取得了显著的经济效益。本书主要内容的具体应用情况介绍如下。

本书涉及的核心技术方法支撑了"虚拟电厂智能调控系统"的建设,形成了灵活性资源聚合、虚拟电厂介入的多元市场联合出清、虚拟电厂多时间尺度优化调控等多项原创性技术,依托"中国南方电网公司科技项目'源-网'互动的虚拟电厂智慧运行优化管理一体化平台开发及示范应用"项目,在广东省中山市开展示范应用。"虚拟电厂智能调控系统"的实施架构和软件界面分别如图 6-1 和图 6-2 所示。

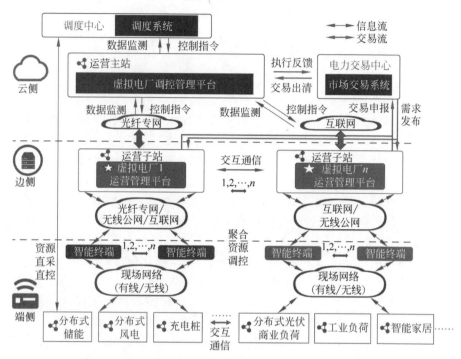

图 6-1　虚拟电厂与电力市场的交互实施架构（见文前彩图）

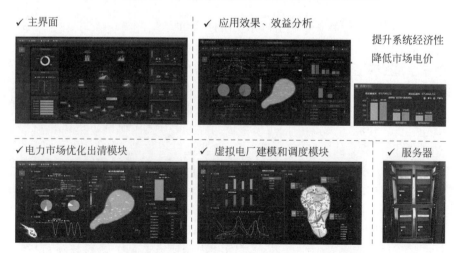

图 6-2　"虚拟电厂智能调控系统"软件应用和在线监控界面

　　项目形成了中国规模最大的虚拟电厂需求侧响应交易市场,培育了超过 15 GW 的注册灵活性资源和虚拟电厂全新商业形态,有效缓解了广东省电力供需紧张和局部电网卡脖子的问题,以院士为首的专家鉴定团队评估了相关应用成果并称本项目"取得了重大技术突破,整体达到了国际领先水平"。经示范工程评测,所提技术方法在提升电力系统经济效益、降低市场电价水平、提升电力市场公平性和开放性方面具有显著优势,具体效果如下。

　　(1) 提升电力系统经济效益。灵活性资源设备通过虚拟电厂技术可以参与上级电力市场竞标,为上级电力系统调控中心提供更多的灵活性,进而提升电力系统的调节能力和经济效益。随着虚拟电厂容量的增长,电力系统的运营成本不断降低。据测算,在虚拟电厂可调设备容量占系统负荷容量 1% 的场景下,电力系统日经济效益可提升 100 万元以上。

　　(2) 降低市场电价,提升电力市场公平性和开放性。随着虚拟电厂参与电力市场竞标和运行,市场参与者的种类和数量趋于多元化,有利于电力系统管理者择优调用经济效益更高的市场参与者,挖掘不同种类灵活性资源的各自优势,促进电力市场长效、公平、开放运行。另外,随着市场参与者数量的增加,市场竞争性提升,出清价格降低。据测算,在虚拟电厂可调设备容量占系统负荷容量 1% 的场景下,负荷侧电价可降低 0.1 元/(kW·h),减少负荷侧用电成本。

在学期间发表的学术论文

[1] YI Z K,XU Y L,WANG X,et al. An improved two-stage deep reinforcement learning approach for regulation service disaggregation in a virtual power plant[J]. IEEE Transactions on Smart Grid,2022,13(4): 2844-2858.

[2] YI Z K,XU Y L,YANG L,et al. Aggregate operation model for numerous small-capacity distributed energy resources considering uncertainty [J]. IEEE Transactions on Smart Grid,2021,12(5): 4208-4224.

[3] YI Z K,XU Y L,HU J F,et al. Distributed, neurodynamic-based approach for economic dispatch in an integrated energy system[J]. IEEE Transactions on Industrial Informatics,2020,16(4): 2245-2257.

[4] YI Z K,XU Y L,GU W,et al. A multi-time-scale economic scheduling strategy for virtual power plant based on deferrable loads aggregation and disaggregation[J]. IEEE Transactions on Sustainable Energy,2020,11(3): 1332-1346.

[5] YI Z K,XU Y L,ZHOU J G,et al. Bi-level programming for optimal operation of an active distribution network with multiple virtual power plants [J]. IEEE Transactions on Sustainable Energy,2020,11(4): 2855-2869.

[6] YI Z K,XU Y L,WANG H Z,et al. Coordinated operation strategy for a virtual power plant with multiple DER aggregators[J]. IEEE Transactions on Sustainable Energy,2021,12(4): 2445-2458.

[7] YI Z K,XU Y L, GU W, et al. Distributed model predictive control based secondary frequency regulation for a microgrid with massive distributed resources [J]. IEEE Transactions on Sustainable Energy,2021,12(2): 1078-1089.

[8] YI Z K,XU Y L,WEI X,et al. Robust security constrained energy and regulation service bidding strategy for a virtual power plant[J]. CSEE Journal of Power and Energy Systems,early access,2021.

[9] YI Z K,XU Y L,WU C Y. Improving operational flexibility of combined heat and power system through numerous thermal controllable residents aggregation[J]. International Journal of Electrical Power & Energy Systems,2021,130: 106841.

[10] YI Z K,XU Y L,SUN H B. A self-adaptive hybrid algorithm based bilevel approach for virtual power plant bidding in multiple retail markets[J]. IET Generation Transmission & Distribution,2020,14(18): 3762-3773.

[11] 仪忠凯,许银亮,吴文传. 考虑虚拟电厂多类电力产品的配电侧市场出清策略

[J]. 电力系统自动化,2020,44(22):143-151.

[12] XU Y L,**YI Z K**. Distributed control methods and cyber security issues in microgrids—Chapter 3:Optimal distributed secondary control for an islanded microgrid[M]. Amsterdam:Elsevier,2020:59-81.

[13] ZHOU J G,SUN H B,XU Y L,et al. Distributed power sharing control for islanded single-/three-phase microgrids with admissible voltage and energy storage constraints [J]. IEEE Transactions on Smart Grid,2021,12(4):2760-2775.

[14] CHANG X Y,XU Y L,GU W,et al. Accelerated distributed hybrid stochastic/robust energy management of smart grids[J]. IEEE Transactions on Industrial Informatics,2021,17(8):5335-5347.

[15] ZHU Y,**YI Z K**,LU Q Y,et al. Typical scene acquisition strategy for VPP based on multi-scale spectral clustering algorithm[C]//2018 2nd IEEE Conference on Energy Internet and Energy System Integration (EI2). Beijing:IEEE,2018:1-5.

致　谢

戊戌玄月，投身许先生门下；恩师大才，腹中千卷，得箴言教诲，如春风化雨，犹历历在目；磨砺四载，略见真章，摩挲手中书稿，抚今思昔，倍感唏嘘；深谙学术漫漫，修身不易，愿初心不忘，锲而不舍，成一家之言；祝课题组衣钵相承，蒸蒸日上，桃李天下。

首先，我要向我的导师许银亮教授表示衷心的感谢。在我的博士生涯中，许教授一直支持我的选择，并在研究和生活中帮助我。与许教授的合作研究经历培养了我独立的思考能力和严谨的科研态度，对此，我一直心存感激。其次，我要感谢实验室的所有老师，包括孙宏斌教授、吴文传教授、郭庆来教授、Shmuel Oren 教授、Scott Moura 教授、Javad Lavaei 教授、张璇教授、郭烨教授和沈欣炜教授，他们为我的研究工作提供了宝贵的建议，优秀的研究团队不仅为我提供了舒适的学习氛围，还让我有机会与工业界充分合作，我希望实验室将来能取得更多卓越的成就。最后，我还要感谢在过去几年里所有帮助我、陪伴我的亲人、朋友和同学。无论是在科研中还是在生活中，与你们相处的经历使我成长。

本研究得到了国家重点研发计划"数字电网关键技术"项目（2020YFB0906000）"融合深度学习和电力知识图谱的数字电网智能快速服务关键技术研究与应用"课题（2020YFB0906005）的资助，特此致谢。